吸附分离技术
去除水中重金属

贾冬梅　刘元伟　李长海　著

北　京
冶金工业出版社
2019

内 容 提 要

　　本书介绍了水中重金属处理技术研究进展,采用吸附分离技术开展了水中铅、镉、铬和砷等重金属的去除研究;结合吸附材料的特性,开展了吸附等温线、吸附热力学、吸附动力学等相关内容的研究,并对不同吸附材料的吸附容量和吸附条件进行了对比。

　　本书可供化工、环保、印染、农药、材料等领域的科研人员和工程技术人员阅读,也可供化学工程、环境工程、材料科学等专业研究生参考。

图书在版编目(CIP)数据

　　吸附分离技术去除水中重金属／贾冬梅,刘元伟,李长海著.—北京:冶金工业出版社,2019.12
　　ISBN 978-7-5024-8343-2

　　Ⅰ.①吸…　Ⅱ.①贾…　②刘…　③李…　Ⅲ.①重金属废水—吸附分离—废水处理—研究　Ⅳ.①X703.1

　　中国版本图书馆 CIP 数据核字(2019)第 282706 号

出 版 人　陈玉千
地　　　址　北京市东城区嵩祝院北巷 39 号　邮编　100009　电话　(010)64027926
网　　　址　www.cnmip.com.cn　电子信箱　yjcbs@cnmip.com.cn
责任编辑　高　娜　宋　良　美术编辑　吕欣童　版式设计　孙跃红
责任校对　郑　娟　责任印制　李玉山
ISBN 978-7-5024-8343-2
冶金工业出版社出版发行;各地新华书店经销;三河市双峰印刷装订有限公司印刷
2019 年 12 月第 1 版,2019 年 12 月第 1 次印刷
148mm×210mm;6.5 印张;193 千字;200 页
40.00 元
冶金工业出版社　投稿电话　(010)64027932　投稿信箱　tougao@cnmip.com.cn
冶金工业出版社营销中心　电话　(010)64044283　传真　(010)64027893
冶金工业出版社天猫旗舰店　yjgycbs.tmall.com
　　　　　　(本书如有印装质量问题,本社营销中心负责退换)

前　言

随着工业的发展，重金属在电镀、冶金、印染、制革等行业中被大量使用，产生的废水和废渣不仅对生态环境造成极大破坏，而且对人类健康产生严重威胁。目前，处理重金属废水的方法大致可以分为三大类：化学法、物理法和生物法。化学法主要包括化学沉淀法和电解法，适用于含较高浓度重金属离子废水的处理；物理法主要包含溶剂萃取分离、离子交换、膜分离及吸附技术；生物法是借助微生物或植物的絮凝、吸收、积累、富集等作用去除废水中重金属的方法，包括生物吸附、生物絮凝、植物修复等方法。其中，吸附分离技术是去除水中重金属通用且非常有效的方法。

本书主要介绍了吸附分离技术去处水中重金属的方法。全书共6章：第1章概述了水中重金属污染的危害、处理方法和研究进展；第2章主要论述了吸附理论、吸附分离材料的分类和吸附分离的应用；第3章为水中铅的去除研究；第4章为水中镉的去除研究；第5章为水中铬的去除研究；第6章为水中砷的去除研究。

本书由滨州学院化工与安全学院贾冬梅教授、刘元伟副教授和李长海教授撰写。在编写和出版过程中，得到了滨州学院夏江宝教授的大力支持，同时还得到了研究生蔡华敏的帮助，在此一并深表谢意！感谢国家重点研发计划（项目编号：2017YFC0505904）、国家自然科学基金（项目编号：51808040、51801013）、泰山学者工程专项经费等对本书内容涉及的有关研究项目的资助。

　　由于作者水平所限，书中疏漏之处，诚请读者批评指正。

作　者

2019 年 9 月

目　　录

1 水中重金属污染概况

1.1 重金属

重金属原义是指密度大于 5 的金属（一般指密度大于 4.5g/cm³ 的金属），包括金、银、铜、铁、汞、铅、镉等，重金属在人体中累积达到一定程度，会造成慢性中毒。从环境污染方面，重金属主要是指汞（水银）、镉、铅、铬以及类金属砷等生物毒性显著的重元素。重金属非常难以被生物降解，相反却能在食物链的生物放大作用下，成千百倍地富集，最后进入人体。重金属在人体内能和蛋白质及酶等发生强烈的相互作用，使其失去活性；也可能在人体的某些器官中累积，造成慢性中毒。

重金属存在于城市生活污水、农业废水、工业废水等废水中，其中印染工业、汽车制造业、电池制造、铸造业等行业排放的工业废水为重金属污染的主要来源[1~2]。各行业生产工艺不同，原料差异大，工艺流程多样，产生废水中金属种类，金属价态，金属浓度千差万别，全球重金属排放量巨大，因此，重金属废水污染治理问题迫在眉睫[3]。

1.2 国内外的重金属污染

污染源是指造成环境污染的污染物发生源，通常指向环境排放有害物质或对环境产生有害影响的场所、设备、装置或人体。任何以不适当的浓度、数量、速度、形态和途径进入环境系统并对环境产生污染或破坏的物质或能量，统称污染物。它可分为天然污染源、大气污染源、人为污染源和工业污染源等。

1.2.1 国内重金属污染

在我国，饮用水水源的地表水主要为河流、湖泊及水库。有关部门对这几类水体的监测情况分析认为，主要的重金属污染为汞。地表水饮用水源的镉污染仅次于汞，铬和铅污染也比较普遍，其他重金属如镍、铊、铍、铜，在中国各类地表水饮用水体中的超标现象也很严重[4,5]。长江流域水体重金属污染主要是由人的各项生产生活活动引起，主要来源有工业、农业和交通运输业等[6,7]。国家各部委联合发布的《长江中下游流域水污染防治规划（2011～2015年）》指出，规划区域内重金属等有毒有害物质主要集中在湖南省，汞、镉、总铬、铅、砷等排放量分别占区域排放总量的 55.0%，81.1%，46.8%、77.6% 和 70.6%。张伟杰等[8]运用地积累指数法得出的三峡库区干流重金属污染情况为 Cd > Pb > Zn > Cu > Cr > As > Ni > Hg。黄河[9]、珠江[10]、海河[11]等也受到不同重金属不同程度的污染。

太湖是我国的第三大淡水湖，在区域经济和社会发展中具有举足轻重的地位。于佳佳等[12]研究发现，太湖流域表层沉积物重金属 As、Cu、Zn、Pb、Ni、Cr 污染状况较轻，而潜在生态危害指数法（Er）表明 Hg、Cd 的风险等级高，是造成太湖流域水体表层沉积物生态风险的主要因素。廖静[13]测定了太湖水体中四种金属 Cr、Cd、Pb、As 的浓度水平，发现重金属含量随季节变化小。

由于工业"三废"的排放及酸雨的影响，进入江河等的污染物最终流入海洋，造成海水中重金属负荷加重[14]。许艳等[15]对渤海典型海湾近年来沉积物重金属数据分析的结果表明，Hg、Cu、Cd 质量浓度的平均值均超过中国海域的平均值，其中 Hg 和 Cd 超标，高值区主要分布在锦州湾、大连湾附近海域，南堡镇和曹妃甸以南海域以及东营、莱州沿岸海域。由此可见，重视和控制海洋的重金属污染是保护海洋环境的保障。

1.2.2　国外重金属污染

1999 年，We-ber[16]报道了美国大约有 15000 家公司从事电镀和金属磨光，这些公司直接或间接地排放工业废水，造成了水环境的重金属污染。2001 年，Thornton[17]报道英国威尔士南部港口城市斯旺西水环境存在 Cu、Zn、Pb、Cd 等重金属污染。丹麦的哥本哈根海港地区的浅海沉积物被重金属等所污染[18]。2016 年，美国独立研究机构环境工作小组（EWG）发布的报告显示，全美大约2.18亿民众饮用的自来水都不同程度地受有毒元素六价铬污染[19]。印度Kala Sanghia河流工业区所排放的污水对农作物十分有害，水中含有大量铅、砷、铬、镉等重金属元素，使得河水不适合使用的问题[20]。Rashed[21]报道了位于埃及南部纳塞尔湖的重金属的污染问题。

1.3 重金属危害

1.3.1 铬

铬(Cr)在海水和地壳中分布广泛，常用于皮革、印染、电镀等工业。自然界中的铬元素主要是以铬铁矿的形态存在，通常是以三价和六价两种稳定的价态形式存在。三价铬氧化活性比较低，对生物体的毒害作用较弱，在水体环境中容易被土壤胶体吸附或沉淀，迁移性较弱。但是，六价铬大多以阴离子的形式存在，并且强具有氧化性，对生物体毒性大、动物体致癌致畸作用强等特性。六价铬在水体、土壤和大气都能够稳定的存在，且易迁移，在生物体内聚集，因此，六价铬处理难度大、成本高[22]。水体污染的铬主要来源于电镀、制革、铝盐生产以及铬矿石开采所排放的废水。水体中的铬污染主要是三价铬和六价铬，它们在水体中迁移转化有一定的规律性。

Cr(Ⅲ)是一种对人体有益的元素，研究发现动物体内胆固醇和糖代谢的过程必须要有Cr(Ⅲ)的参与。缺乏Cr(Ⅲ)会对人体健康造成危害，引发高血糖、糖尿病等症状[23~27]。铬广泛应用于工业生产当中，铬是提升不锈钢耐压强度和抗冲击性能不可或缺的元素之一；因铬的化学稳定性强，在硬度低或较活泼的金属表面镀铬膜可增加金属的硬度以及耐酸碱腐蚀的能力，还可提升镀件表面的金属光泽，使金属器件整洁明亮；在耐光热涂料、着色剂、化学合成催化剂以及皮革加工、纺织染料等应用领域，六价铬化合物都占据着不可替换的地位[28~31]。

Cr(Ⅵ)通常以溶液、粉末或气体的形态污染环境，因此对其防范起来比较困难，它可以通过多种渠道进入人体，包括皮肤，呼吸道等。Cr(Ⅵ)可以通过氧化作用而使细胞中毒，当其遇到还原性物质时会从六价铬变成三价铬,在这个过程中细胞内物质会被氧化,且一些中间产物会造成 DNA 链断裂[32]。因此 Cr(Ⅵ)可以导致动物体基因突变和畸形,并且有较强的致癌性,其已经被列为一级有毒物质[33]。误食或接触吸入过量的 Cr(Ⅵ)会造成鼻腔、呼吸道及内脏的损伤,并且 Cr(Ⅵ)对肺部及鼻腔具有较强的致癌性,即为铬癌[34~35]。因此对含 Cr(Ⅵ)废水的处理研究成为一个亟待解决的问题[36]。《生活饮用水卫生标准》(GB 5749—2006)铬(六价) < 0.05mg/L,《污水综合排放标准》(GB 8978—1996)铬(六价) < 0.5mg/L。

1.3.2　镉

镉(Cd)有无机离子态和有机结合态 2 大形态,在环境中一般以无机离子态存在,但其进入生物体中会形成更加稳定的镉的形态即镉的有机态[37,38]。镉制造的合金有较高的抗拉强度和耐磨性,可以作为飞机发动机的轴承材料,还可作原子反应堆的(中子吸收)控制棒。镉的化合物曾广泛用于制造(黄色)颜料、塑料稳定剂、(电视映像管)荧光粉、杀虫剂、杀菌剂、油漆等。镉氧化电位高,可用作铁、钢、铜之保护膜,广用于电镀防腐上,但因其毒性大,铬的此类用途不大缩减。此外,镉还用于充电电池如镍—镉和银—镉、锂—镉电池加工。

镉可在生物体内富集,通过食物链进入人体引起慢性中毒。镉的主要污染源是电镀、采矿、冶炼、染料、电池和化学工业等排放的废水。极微量的镉就可对人体产生慢性中毒,积累在肝、肾和骨骼之中,使肾脏等器官发生病变,甚至使人疼痛而死。我国《生活饮用水卫生标准》(GB 5749—2006)中规定镉 < 0.005mg/L,《污水综合排放标准》(GB 8978—1996)中规定镉 < 0.1mg/L[41]。

1.3.3　铅

铅(Pb)金属通常以二价金属矿存在,常见的有硫化铅、硫酸铅、碳酸铅等。世界铅矿的保有量约为 7×10^7 吨,我国铅矿储量较为丰富。铅在合金制造、制酸工业、蓄电池、电缆包皮及冶金工业等许多工业领域中应用广泛。

铅对环境的污染主要是有色金属冶炼过程中所排出的含铅废水、废气和废渣[42]。铅可能会导致儿童永久性的智力损伤，后果严重，儿童铅中毒概率远远大于成年人。近年来，铅中毒事件报道随处可见，急性铅中毒会严重影响神经系统的运作，严重者甚至致命[43]。《生活饮用水卫生标准》（GB 5749—2006）中规定铅 $< 0.01\text{mg/L}$，《污水综合排放标准》（GB 8978—1996）中规定铅 $< 1.0\text{mg/L}$。

1.3.4 镍

镍(Ni)污染是由镍及其化合物所引起的环境污染，煤燃烧是大气中镍的主要来源，土壤中的镍主要来源于岩石风化，大气降尘，灌溉用水（包括含镍废水），农田施肥，植物和动物残体的腐烂等。镍是最常见的致敏性金属，在与人体接触时，镍离子可以通过毛孔和皮脂腺渗透到皮肤里面去，从而引起皮肤过敏发炎。一旦出现致敏症状，镍过敏能无限期持续。更为严重的是因镍摄入过多而导致的中毒现象。《生活饮用水卫生标准》（GB 5749—2006）中规定总镍 $< 0.02\text{mg/L}$，《污水综合排放标准》（GB 8978—1996）中规定总镍 $< 1.0\text{mg/L}$。

1.3.5 砷

砷是一种非金属性比金属性略强的元素，广泛地存在于沉积岩和熔积岩中，由于砷是亲硫性元素，因此主要与硫形成矿物质。含砷的这些矿物质具有极小的毒性，但是在外界环境的风化、氧化及人为的开发生产，使得砷从矿物中释放出来，形成不同价态的砷：As(Ⅲ)和As(Ⅴ)，如 Na_3AsO_4、$NaAsO_2$、砷酸酐、亚砷酸酐等，此类砷酸盐普遍易溶于水，其毒性也是极为强大，尤其是亚砷酸盐类。近些年来，随着工业、农业、玻璃制造、稀土、冶金等产业的迅猛发展，大量的砷进入到环境中。砷的迁移转化与外界环境有关，如：氧化还原条件、pH 值、共存物质等。具体的转化情况见图 1.1。

砷在水中的主要存在形式为三价和五价的砷酸盐类，H_3AsO_3 和 H_3AsO_4 的电离式见图 1.2。

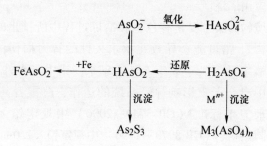

图 1.1　水体中无机砷在不同条件下的转化

$$H_3AsO_4 \overset{Ka1}{\rightleftharpoons} H_2AsO_4^- + H^+, \quad pKa1 = 2.24$$

$$H_2AsO_4^- \overset{Ka2}{\rightleftharpoons} HAsO_4^{2-} + H^+, \quad pKa2 = 6.76$$

$$HAsO_4^{2-} \overset{Ka3}{\rightleftharpoons} AsO_4^{3-} + H^+, \quad pKa3 = 11.60$$

$$H_3AsO_3^- \overset{K \cdot a1}{\rightleftharpoons} H_2AsO_3^- + H^+, \quad pK \cdot a1 = 9.23$$

$$H_3AsO_3^- \overset{K \cdot a2}{\rightleftharpoons} HAsO_3^{2-} + H^+, \quad pK \cdot a2 = 12.10$$

$$HAsO_3^{2-} \overset{K \cdot a3}{\rightleftharpoons} AsO_3^{3-} + H^+, \quad pK \cdot a3 = 13.41$$

图 1.2　H_3AsO_3 和 H_3AsO_4 在水中的电离式

砷是人体的非必需元素，俗称为类金属，是毒性最大的元素之一，与汞、镉、铬、铅一起被称为"环境五毒"。砷在自然界中的分布很广，它既可通过自然作用进入水体，也可以通过一些人为的活动进入自然界中。目前，据估计全世界砷的年产量约为 50000t，其中金属砷的年产量估计约为 1500t[44]。全球每年由于人类活动排入到水体中的砷为 120 万吨，由于自然作用释放到环境中的砷为 2.21 万吨（其中火山喷发 1.72 万吨，海底火山 0.49 万吨）[45]，这使得人类赖以生存的水环境造成严重破坏，最终导致了地表水和地下水中砷含量严重超标。饮用高浓度含砷水给人类的健康带来了致命的威胁，可能会引发一系列的疾病，如膀胱癌、肾癌、肝癌、周围血管疾病、糖尿病和高血压[46~49]，砷已经被美国疾病控制中心（CDC）和国际癌症研究机构（IARC）确定为第一类致癌物质[50]。此外，砷也可抑制种子萌发，降低株高和产量[51]，同时砷具有毒性蓄积效应和不可逆性[52~53]。正因如此，世界各国针对饮用水中砷含量的标准做了严格的规定，美国环保署、WHO 等将砷的最高允许质量浓度规定为 $10\mu g/L$，我国 2007 年 7 月 1 日起也开始按照一致的标准实施。

砷污染源包括含砷废水、废气、废渣和尾矿，含砷杀虫剂、除草剂、防腐剂和含砷地下水的灌溉和饮用等。地下水中砷的污染主要分为天然来源和人为活动来源。天然来源是指由于自然环境的变化造成砷的释放和解析进入水体中。人为活动主要是通过含砷矿床的开采，像加拿大、日本、德国和泰国等国家，对含砷农药的使用和含砷废水的排放以及木材保存等[54]。地下水若受到高浓度砷污染，还可以使得局部地段含砷浓度升高，超过规定的饮用水标准。

砷相关的反应方程式见图 1.3。

$$4As + 3O_2 \xrightarrow{\text{点燃}} 2As_2O_3$$

$$2As + 5F_2 \xrightarrow{\text{点燃}} 2AsF_5$$

$$2As + 3Mg \xrightarrow{\text{点燃}} Mg_3As_2$$

$$Mg_3As_2 + 6H_2O \xrightarrow{\quad} 3Mg(OH)_2 + 2AsH_3$$

$$2AsH_3 \xrightarrow{\quad} 2As + 3H_2$$

$$2AsH_3 + 3O_2 \xrightarrow{\quad} As_2O_3 + 3H_2O$$

$$AsH_3 + Ga(CH_3)_3 \xrightarrow{\quad} GaAs + 3CH_4$$

$$As_2O_3 + 6HCl \xrightarrow{\quad} 2AsCl_3 + 3H_2O$$

$$3As_2O_3 + 2O_3 \xrightarrow{\quad} 3As_2O_5$$

$$2As_2O_3 + 10F_2 \xrightarrow{\quad} 3O_2 + 4AsF_5$$

$$2As_2S_3 + 9O_2 \xrightarrow{\text{点燃}} 2As_2O_3 + 6SO_2$$

$$As_4S_4 + 7O_2 \xrightarrow{\text{点燃}} 2As_2O_3 + 4SO_2$$

图 1.3 相关砷的反应方程式

砷的用途：砷可作合金添加剂，生产铅制弹丸、蓄电池栅板，用于制造硬质合金、黄铜和耐磨合金等；在黄铜内添加微量砷可以有效预防脱锌；利用纯度极高的砷作为原料或掺杂元素可以制取半导体砷化镓、砷化铟和半导体材料锗、硅等，这些材料被大量应用于红外线发射器、激光器、二极管、发光二极管，也可用于太阳能电池等；砷的化合物在农业上被广泛地用于制造农药、防腐剂、染料和医药等，同时在医药、制革、制乳白色玻璃、毒药烟火、木材防腐等方面也有广泛用途；利用铜与砷可以合炼白铜合金；另外砷铜合金可被广泛应用于雷达零件、制造汽车等。

近些年来，有关砷的代谢机理，研究人员普遍认为砷化合物三氧化二砷或亚砷酸钠主要是通过氧化甲基化反应进行的，如图 1.4 所示。另外不少学者主张新的砷甲基化反应，提出砷以三价形态（As^{3+}）与谷胱甘肽（GSH）作用，在甲基转移酶和 SAM 的参与下（图 1.5），通过还原甲基化模式进行代谢[55~56]。

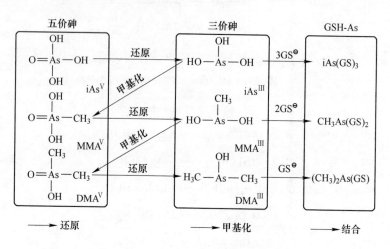

图 1.4　体内无机砷代谢的可能途径（一）

砷一般以 As(V) 的价态（或 As(Ⅲ) 价态）存在，人体摄入这些无机含砷化合物后，会发生一系列的代谢过程，首先 As(V) 得两个电子而变成 As(Ⅲ)，然后通过氧化甲基化作用，得到五价有机砷。无机砷的主要代谢物是二甲基砷酸，约占 60% ~ 70%（一甲基

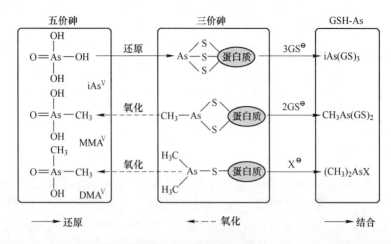

图 1.5 体内无机砷代谢的可能途径（二）

砷酸占 10% ~ 20%），它能被大多数哺乳动物迅速排泄。在代谢过程中，三甲基砷酸是最终产物，但几乎不能通过尿排出体外，而被认为是该代谢过程中甲基化中间体的是一甲基亚砷酸、二甲基亚砷酸。

砷甲基化的能力大小有差异：关于尿中砷甲基化代谢产物的含量，男性与女性相比，女性稍高些；吸烟者比不吸烟者少；孕妇会随年龄的增大而升高。而尿中一甲基砷酸的含量在不同地区也有明显的差异：有的地区人群甚至超过 20%，如我国的台湾地区；而有的地区人群只有 5% 甚至更少，如安第斯山脉地区的本土居民。

砷通过食物消化途径、呼吸吸入途径可以被吸收的量为 60% ~ 90%，而通过皮肤吸收的极为稀少。单质砷几乎没有毒性，但砷化物却具有较高的毒性，三价砷的毒性约是五价砷的 60 倍。《生活饮用水卫生标准》（GB 5749—2006）中规定砷 $<0.01\text{mg/L}$，《污水综合排放标准》（GB 8978—1996）中规定砷 $<0.5\text{mg/L}$。

1.3.6 汞

汞（Hg）污染主要来自氯碱、塑料、电池、电子等工业排放的废水。汞及其化合物可通过呼吸道、皮肤或消化道等不同途径侵入人体。汞的毒性是积累的，需要很长时间才能表现出来。汞中毒以慢性为多见，主要发生在生产活动中，长期吸入汞蒸气和汞化合物粉尘所致。以精神 – 神经异常、齿龈炎、震颤为主要症状。大剂量汞蒸气吸入或汞化合物摄入即发生急性汞中毒。《生活饮用水卫生标准》（GB 5749—2006）中规定，汞 < 0.001mg/L；《污水综合排放标准》（GB 8978—1996）中规定，汞 < 0.05mg/L。

1.3.7　铜

铜（Cu）是一种过渡元素，在电缆和电气、电子元件是最常用的材料，也可用作建筑材料，可以组成众多种合金。铜污染来源是铜锌矿的开采和冶炼、金属加工、机械制造、钢铁生产等，冶炼排放的烟尘是大气铜污染的主要来源。人群摄入过多的铜离子会在患者体内积蓄，导致肝脏和肾脏受到损害，持久慢性摄入过量的铜离子甚至会导致肝硬化病。Wilson 氏病和自发性铜中毒也都是由于长期吸收铜离子所患有的疾病，病者体内血清铜的浓度是普通人的五到八倍[57]。《生活饮用水卫生标准》（GB 5749—2006）中规定铜 < 1.0mg/L，《污水综合排放标准》（GB 8978—1996）中规定铜 < 2.0mg/L。

1.4　水中重金属污染的处理方法

水中重金属去除的方法包括：化学法、物理法和生物法。化学法有化学沉淀法和电解法；物理法有溶剂萃取分离、离子交换法、膜分离技术及吸附法等；生物法有生物吸附、生物絮凝、植物修复等方法。其中，对于含较高浓度重金属离子废水的处理主要采用化学法，而生物法则适合低浓度废水处理。

1.4.1　化学法

1.4.1.1　沉淀法

化学沉淀法的原理是通过添加化学药剂使废水中离子状态的重金属发生化学反应转变为不溶于水的沉淀物，然后通过过滤等方法使溶液中的沉淀物得以去除[58]。常见的用于沉淀作用的化学药剂有 NaOH、Ca(OH)$_2$、CaO、BaSO$_4$ 等[59]。Peligro[60] 等人采用分层双吸收氢氧化物(LDHs)和碱性介质中的沉淀技术进行重金属废水处理研究，发现重金属去除率与其氢氧化物与 LDHs 结合后的溶解度有关。其中 Cu^{2+} 去除率最高，而 Pb^{2+} 和 Zn^{2+} 的去除能力则依赖于 Mg^{2+} 浓度和溶液最终 pH。邵红艳等[61] 采用硫化钠，硫酸铝，PAM 体系处理含 Cd^{2+} 废水，研究了废水 pH、Na$_2$S 用量、Al$_2$(SO$_4$)$_3$·18H$_2$O 用量及反应时间等相关因素的影响。研究发现，废水初始 pH 值为 7、Na$_2$S 的投加量为 5mL/L，Al$_2$(SO$_4$)$_3$·18H$_2$O 8mL/L 及 PAM 3mL/L，搅拌反应 25min 后静置 15min 后，Cd^{2+} 的去除率达到 99.9%。

可见，化学沉淀法去除效率高、操作容易，但是需要投加大量的化学试剂，可能带来二次污染。

1.4.1.2 电解法

电解法中电极可以通过电解作用将高价态重金属离子还原为低价态重金属离子，同时溶液中的金属离子与氢氧根结合生成沉淀，从而去除重金属离子[62~63]。罗发生等[64] 采用铁炭微电解催化还原法处理某铜冶炼厂废水，研究发现最佳条件下 Cu^{2+}、Pb^{2+}、Zn^{2+} 的去除率分别达到 95.6%、91.8%、70.9%。Chaudhary 等人[65] 报道了不锈钢板和钛网阴极的电解方法可以去除溶液中 98.6% 的铬。

电解法具有去除效率高、工艺简单，装置占地小，可以回收重金属等优点，但是，在应用过程中存在耗电量大、极板容易发生钝化。操作费用高、处理量小、不适合处理低浓度废水等问题。

1.4.1.3 还原法

还原法是指通过向废水投加还原剂（例如 FeSO$_4$ 铁屑、Na$_2$SO$_3$、NaHSO$_3$ 等）使水体中的高价重金属离子如铀(Ⅵ)和铬(Ⅵ)等的价态向无毒、低毒性价态转变，或是转化为沉淀后再进行分离。魏英祥等[66] 报道了膨胀石墨(EG)负载的纳米钯催化剂(Pd-EG)在六价铬还原中的研究，该催化剂可将六价铬完全转化为三价铬，且多次重复使用效果优异。韩奎等[67]采用硫铁矿和硫化亚铁为还原剂将废水中 $Cr(Ⅵ)$ 还原为 $Cr(Ⅲ)$，并确定了其较佳处理条件。Aldmour 等人[68]采用两种腐殖酸将 $Cr(Ⅵ)$ 还原为 $Cr(Ⅲ)$，研究发现使用泥炭腐殖酸，反应速度更快。Gong 等人[69]采用 FeS 包覆铁（Fe/FeS）磁性纳米粒子去除地下水中的 $Cr(Ⅵ)$，研究发现 Fe^0、Fe^{2+} 和 S^{2-} 协同参与 $Cr(Ⅵ)$ 还原为无毒 $Cr(Ⅲ)$，进一步沉淀为 $(CrxFe1-x)(OH)_3$ 和 $Cr(Ⅲ)-Fe-S$。

还原法具有去除速度快、成本较低、操作简单、无二次污染和能够回收重金属等优点，其缺点是产生大量的沉淀废渣。

1.4.2　物理法

1.4.2.1　吸附法

吸附法是向重金属废水中加入吸附剂，利用吸附剂丰富的孔道结构、丰富的活性位点将将废水中重金属离子分离出来。目前，在水处理领域最常用的吸附剂是活性炭[70~71]，活性炭吸附容量比较大，适用范围广，但活性炭存在使用寿命短、循环使用性能低、成本较高。因此，开发新型高效的吸附材料成为近年来国内外学者的主要研究热点。

张艳等[72]采用硒/碳纳米管复合材料（Se/CNTs）去除水中的汞离子，研究发现该材料不但 pH 适用范围广，而且吸附速率非常快。Zhuang 等人[73]合成了功能化磁性氨肟壳聚糖微球用于水中铀的吸附，该微球的吸附容量在 pH=6 时可以达到 117.65mg/g；其饱和磁化强度为 21.7emu/g，该微球可以在磁场中快速地从水溶液中分离出来。Zhao 等人[74]采用吡咯原位聚合法制备了一种有机 - 无机聚吡咯中空纤维（PPy-HNFs）并进行酸刻蚀，然后用于水溶液中 $Cr(Ⅵ)$ 的去除。研究发现，该材料对 $Cr(Ⅵ)$ 的最大吸附能力为 839.3mg/g，且具有良好吸附/解吸循环使用性能。Wang 等人[75]采用哑铃型 MnO_2 明胶复合材料去处水中 Pb^{2+} 和 Cd^{2+}，其最大吸附容量分别为 318.7mg/g 和 105.1mg/g。Zhu 等人[76]采用多孔芳香骨架（PAF）用于水中 Pb^{2+}

的去除研究，发现 PAFs 具有最高的吸附选择性，处理后水中的 Pb^{2+} 的浓度降低至 0.008ppm。Sun 等人[77]采用 1，2 - 乙二硫醇处理 COF-V 合成的材料（COF-S-SH）除去汞，研究发现，COF-S-SH 对水中 Hg^{2+} 和 HgO 的吸附容量高达 1350 和 863mg/g，可以将 Hg^{2+} 浓度从 5ppm 迅速降低至低于 0.1ppb，远低于饮用水中规定的限值 2ppb。

吸附法的优点是操作简单、直接去除污染物，去除率高、选择性高，其缺点是部分吸附材料吸附容量不高、再生循环困难。

1.4.2.2　膜分离法

膜分离将处理的废水中外力作用下经过一层具有选择透过性的膜，从而把重金属离子和水进行分离的操作。根据外加作用力的不同，膜分离法可以分为电渗析法及反渗透法[78]。电渗析法处理重金属废水以直流电场的电位差为动力，使重金属离子和水通过选择透过性膜而完成分离，该技术适于回收电镀废水中的重金属[79]。但是，电渗析法使用时对进水水质要求高、且耗电量大。反渗透法通常又称超过滤法，该法是利用只允许溶剂透过、不允许溶质透过的半透膜，将污染物与水溶剂分开。与电渗析法相比，反渗透法能耗更低，现已应用于处理含锌、镍、铬等的重金属废水[80~81]。Figoli 等[83]报道了两种纳滤膜（NF90 和 N30F）去处废水中的重金属砷。Murthy 等[84]研究了纳滤膜对含镍重金属废水的处理，发现镍和镉离子的去除率分别为 98.94% 和 82.69%。Zhu 等人[85]采用工业固废煤粉和多孔 Al_2O_3 中空纤维载体制备了 Al_2O_3-NaA 分子筛复合中空纤维膜，用于废水中 Pb^{2+} 的去除。研究发现，Al_2O_3-NaA 分子筛复合中空纤维膜在 Pb(Ⅱ)浓度为 50mg/L，在 0.1MPa 下过滤 12 小时后，它对 Pb(Ⅱ)的去除效率为 99.9%。Hubadillah 等人[86]采用疏水高岭土中空纤维膜（h-KHFM）去处水溶液中砷，通过直接接触式膜精馏，研究发现在 1300℃ 的烧结温度下制备的 h-KHFM 具有 145° 的高接触角，2bar 的优异 LEPw 值和 0.32μm 的平均孔径。在 60°C 的进料温度下，As(Ⅲ)的膜通量为 28kg/m^2h，As(Ⅴ)的膜通量为 25kg/m^2h，并且满足要求的最大污染物（MCL）标准 10ppb。

膜分离法优点是应用范围广、去除率高、装置体积小，且不需加化学试剂；缺点是对膜的要求高，费用大，且膜易受到污染难清洗[82]。

1.4.3　生物法

1.4.3.1　植物修复法

植物修复[87]是一种利用自然生长的植物或者遗传工程培育植物修复重金属污染环境的技术总称。植物去除重金属污染的修复类型有四种：植物吸收、植物挥发、植物吸附和植物稳定。张皓东[88]系统研究了滇池水葫芦对水中砷、铅、镉的富集。王谦等[89]在综述利用大型水生植物植物修复重金属水体的研究进展中发现，大型水生植物对重金属污染有着很好的去除效果。可见，植物修复技术具有成本低、无二次污染，且对重金属污染具有良好的蓄积、去除能力，但其缺点是受季节、植物培养周期和植物具有选择性的限制较大。

1.4.3.2　生物絮凝法

生物絮凝法[90]是利用微生物或微生物产生的具有絮凝能力的代谢物，进行絮凝沉淀的一种方法。张娜等[91]以天然高分子壳聚糖复配而成新型高效复合絮凝剂，在不同的工业污水处理中的应用，研究发现该絮凝剂对重金属离子的去除率可提高 10% ~ 20%，且成本下降 30% ~ 50%。杨思敏等[92]采用黑曲霉分泌微生物絮凝剂去除水中低浓度 $Cr(VI)$，其最大去除率大于 99%。严忠纯[93]采用秸秆中的微生物通过发酵制得的生物絮凝剂去除废水中的铬，研究发现当温度为 30℃，pH 为 7.5，反应时间为 40min 时，经生物絮凝剂处理后的含铬废水达到排放标准。康建雄等[94]研究了生物絮凝剂 Pullulan 去除水中的 Pb^{2+}。生物絮凝法具有高效、无毒、易降解且不产生二次污染等优点，但是，其只适用于低浓度的重金属废水的处理，且存在活体生物絮凝剂难以保存、生产成本较高等问题。

1.4.3.3　生物吸附法

生物吸附法处理重金属废水主要是指利用某些微生物可以对特定的重金属离子有较强的吸附性，将重金属离子从废水中吸附出来[95~96]。Yin 等人[97]采用阳离子交换树脂技术从烟曲霉中提取细胞外聚合物（EPS），用于去除水中的 Cd（Ⅱ）、Pb（Ⅱ）和 Cu（Ⅱ）。研究发现，Cu（Ⅱ）与 EPS 的亲和力最高，其次是 Pb（Ⅱ）和 Cd（Ⅱ）。Wei 等人[98]采用从克雷伯氏菌中提出的胞外聚合物吸附 Pb（Ⅱ），研究发现在 pH = 6.0、EPS 浓度为 0.2g/L 时，它对 Pb（Ⅱ）的最大生物吸附量为 99.5mg/g。可见，生物吸附法不但高效，而且选择性强，因此，下一步开发抗干扰能力强的和高耐受力的吸附剂具有重要意义。

综上，重金属废水的处理技术正在伴随着工业技术的发展而不断发展，吸附分离技术由于操作简单、高效、选择性强而倍受研究人员关注，开发高效的吸附材料有效回收重金属资源，降低重金属废水处理成本，不但可以实现资源综合利用，而且具有良好的应用前景。

参 考 文 献

[1] 伊武军. 资源环境与可持续发展 [M]. 北京：海洋出版社，2001：33 - 36.

[2] 阎世辉. 关于我国水环境形势的分析及政策建议 [J]. 环境保护，2001，281（2）：10 - 13.

[3] 齐兵强，王占生. 曝气生物滤池在污水处理中的应用 [J]. 给水排水，2000，26（10）：48 - 49.

[4] 杨爱玲，朱颜明. 城市地表饮用水源保护研究进展 [J]. 地理科学，2000，20（1）：72 - 77.

[5] 赵旋，吴天宝，叶裕才. 我国饮用水源的重金属污染及治理技术深化问题 [J]. 给水排水，1998，24（10）：22 - 25.

[6] 刘朋超，麻泽浩，魏鹏刚，赵迎新，刘红磊. 长江流域重金属污染特征及综合防治研究进展 [J]. 三峡生态环境监测，2018，3（03）：33 - 37.

[7] 李想，江雪昕，高红菊. 太湖流域土壤重金属污染评价与来源分析 [J].

农业机械学报，2017，48（S1）：247 – 253.

[8] 张伟杰，徐建新. 三峡库区干流沉积物重金属质量分数及污染评价 [J]. 灌溉排水学报，2018，37（5）：99 – 105.

[9] 康国华，张鹏岩，李颜颜，杨丹，庞博，何坚坚，闫宇航. 黄河下游开封段引黄灌区小麦中重金属污染特征及健康风险评价 [J]. 环境科学，2018，39（08）：3917 – 3926.

[10] 龚剑，李烨，黄静文，林铭灿，张荣民，孙景婷，熊小萍，李志刚. 珠江广州 – 东莞河段重金属污染状况及分布特征 [J]. 广州大学学报（自然科学版），2017，16（04）：78 – 82.

[11] 吴二威. 海河支流重金属污染特征及 Hg ~（2 +）对水生藻类的毒性研究 [D]. 石河子大学，2014.

[12] 于佳佳，尹洪斌，高永年，唐婉莹. 太湖流域沉积物营养盐和重金属污染特征研究 [J]. 中国环境科学，2017，37（06）：2287 – 2294.

[13] 廖静. 我国太湖水体中重金属污染分布特征及铅水质基准推导 [D]. 南京大学，2014.

[14] 李建军，冯慕华，喻龙. 辽东湾浅水区水环境质量现状评价 [J]. 海洋环境科学，2001，20（3）：42 – 45.

[15] 许艳，王秋璐，李潇，杨璐，黄海燕，陶以军. 环渤海典型海湾沉积物重金属环境特征与污染评价 [J]. 海洋科学进展，2017，35（03）：428 – 438.

[16] Weber J. Wastewater Treatment [J]. Metal Finishing, 1999, 97（1）：801 – 802, 806, 810, 812, 814, 816, 818.

[17] Thornton G J P, Walsh P D. Heavy metals in the waters of the Nanty-Fendrod：Change in pollution levels and dynamicsassociated with the redevelopment of the Lower Swansea Valley, South Wales, UK [J]. The Science of the Total Environment, 2001, 278（1 – 3）：45 – 55.

[18] Andersen H V, KjøLholt J, Poll C, et al. Environmental risk assessment of surface water and sediments in Copenhagen harbour [J]. Water Science and Technology, 1998, 37（6 – 7）：263 – 272.

[19] http：//www. sohu. com/a/114863809_ 402085.

[20] http：//baijiahao. baidu. com/s?id = 1645452520292151828&wfr = spider&for = pc.

［21］ Rashed M N. Monitoring of environmental heavy metals in fish from Nasser Lake ［J］. Environment International, 2001, 27 (1): 27 – 33.

［22］ Hamilton E M, Young S D, Bailey E H, et al. Chromium speciation in foodstuffs: A review ［J］. Food Chemistry, 2018, 250: 105 – 112.

［23］ Mertz W, Schwarz K. Impaired intravenous glucose tolerance as an early sign of dietarynecrotic liver degeneration. ［J］. Archives of Biochemistry & Biophysics, 1955, 58 (2): 504 – 506.

［24］ Barrett J, Brien P O, Jesus J P D. Chromium (Ⅲ) and the glucose tolerance factor ［J］. Polyhedron, 1959, 85 (4): 292 – 295.

［25］ Clodfelder B J, Upchurch R G, Vincent J B. A comparison of the insulin-sensitivetransport of chromium in healthy and model diabetic rats ［J］. Journal of InorganicBiochemistry, 2004, 98 (98): 522 – 533.

［26］ Ghosh D, Bhattacharya B, Mukherjee B, et al. Role of chromium supplementation in Indians with type 2 diabetes mellitus ［J］. Journal of Nutritional Biochemistry, 2002, 13 (11): 690 – 697.

［27］ 徐业林, 童英, 石艳, 等. 铬化合物的健康效应（综述）［J］. 中国环境卫生, 2003 (1): 125 – 129.

［28］ Maqbool A, Ali S, Rizwan M, et al. Management of tannery wastewater for improving growth attributes and reducing chromium uptake in spinach through citric acid application ［J］. Environmental Science & Pollution Research, 2018, 15: 1 – 9.

［29］ Nojavan S, Rahmani T, Mansouri S. Selective Determination of Chromium (Ⅵ) in Industrial Wastewater Samples by Micro-Electromembrane Extraction Combined with Electrothermal Atomic Absorption Spectrometry ［J］. Water Air & Soil Pollution, 2018, 229 (3): 89 – 104.

［30］ Jiang L L, Rui-Wen L I, Mao Y Q, et al. Present Processing Technology and Comprehensive Utilization of Chromium Slag ［J］. Environmental Science & Technology, 2013 (3): 51 – 55.

［31］ Astrup T, Rosenblad C, S. Trapp A, et al. Chromium Release from Waste Incineration Air-Pollution-Control Residues ［J］. Environmental Science & Technology, 2005, 39 (9): 3321 – 3329.

［32］ Quintelas C, Sousa E, Silva F, et al. Competitive biosorption of ortho-cresol, phenol, chlorophenol and chromium（Ⅵ）from aqueous solution by a bacterial biofilm supportedon granular activated carbon ［J］. Process Biochemistry, 2006, 41（9）: 2087 - 2091.

［33］ Huvinen M, Uitti J, Zitting A, et al. Respiratory health of workers exposed to low levels of chromium in stainless steel production ［J］. Occupational & Environmental Medicine, 1996, 53（11）: 741 - 747.

［34］ Sorahan T, Burges D C, Hamilton L, et al. Lung cancer mortality in nickel/ chromiumplaters, 1946 - 1995 ［J］. Occupational & Environmental Medicine, 1998, 55（4）: 236 - 242.

［35］ Ellis A S, Bullen T D. Chromium isotopes and the fate of hexavalent chromium in theenvironment ［J］. Science, 2002, 295（5562）: 2060 - 2062.

［36］ Zouboulis A I, Loukidou M X, Matis K A. Biosorption of toxic metals from aqueoussolutions by bacteria strains isolated from metal-polluted soils ［J］. Process Biochemistry, 2004, 39（8）: 909 - 916.

［37］ Kaegi J H, Schaffer A. Biochemistry of metallothionein ［J］. Biochemistry, 1988, 27: 8509 - 8515.

［38］ 谢红, 王翔朴. 重金属在金属硫蛋白基因表达中的调控作用 ［J］. 国外医学卫生学分册, 1999, 26（3）: 151 - 155.

［39］ 李敏. 水产品中镉污染的安全评价及其不同形态的影响研究 ［D］. 青岛: 中国海洋大学, 2008.

［40］ 廖琳, 海豚肝脏中元素含量及铜、镉化学形态的研究 ［D］. 成都: 四川大学, 2002.

［41］ 王璞, 闵小波, 柴立元. 含镉废水处理现状及其生物处理技术的进展 ［J］. 工业安全与环保, 2006, 32（8）: 14 - 17.

［42］ 纪丽丽, 宋文东, 王雅颖, 等. 煅烧紫贻贝壳粉对 Cd^{2+} 和 Pb^{2+} 的吸附热力学研究 ［J］. 现代食品科技. 2017（06）: 178 - 183.

［43］ Vaidya A, Datye K V. Environmental pollution during chemical processing of synthetic fibrees ［J］. Trends Biotechnol, 1982, 14: 3 - 10.

［44］ 王薇. 生物氧化与吸附相结合处理高浓度含砷废水 ［D］. 南京: 南京工业大学, 2006.

［45］ Matschullat J. Arsenic in the geosphere a review ［J］. Science of the Total Environment, 2000, 249（1/3）: 297 - 312.

[46] Chen S L, Dzeng S R, Yang M H, et al. Arsenic species in groundwaters of the blackfoot disease areas, Taiwan [J]. Environ Sci Technol, 1994, 28: 877 – 881.

[47] Guha-Mazumder D N, Haque R, Ghose N, et al. Arsenic in drinking water and the prevalence of respiratory effects in West Bengal, India [J]. Int J Epidemio, 2000, 29: 1047 – 1052.

[48] Srivastava A K, Hasan S K, Srivastava R C. Arsenicism in India: dermal lesions and hair levels [J]. Arch. Environ. Health, 2001, 56: 562.

[49] Nath B, Jean J S, Lee M K, et al. Geochemistry of high arsenic groundwater in Chia-Nan plain, Southwestern Taiwan: possible sources and reactive transport of arsenic [J]. J. Contam. Hydrol, 2008, 99: 85 – 96.

[50] Jeffer A L, Robert F S, Christopher T D. Environmental Toxicants [M]. New York: National Academies Press, 1993: 20 – 50.

[51] Abedin M J, Meharg A A. Relative toxicity of arsenite and arsenate on germination and early seeding growth of rice (Oryza sativa L.) [J]. Plant and Soil, 2002, 243: 57 – 66.

[52] Bhattacharya P, Samal A C, Majumdar J, et al. Arsenic Contamination in Rice, Wheat, Pulses, and Vegetables: A Study in an Arsenic Affected Area of West Bengal, India [J]. Water Air Soil Pollut, 2010, 213: 3 – 13.

[53] Rahman M M, Sengupta M K, Ahamed S. The magntude of arsenic contamination in ground water and its health effects to the inhabitants of the Jalangi—one of the 85 arsenic affected blocks in West Bengal, India [J]. Sci. Total Environ, 2005, 338: 189 – 200.

[54] ALAERTS G J, KHOURI N, B. Chapter 8 Strategies to mitigate arsenic contamination of water supply [R]. Washington, DC, USA: Kabirl The World Bank, 2001.

[55] Hayakawa T, Kobayashi Y, Cui X, et al. A new metabolic pathway of arsenite: arsenic-glutathione complexes are substrates for human arsenic methyltransferase Cyt19. [J]. Archives of Toxicology, 2005, 79 (4): 183 – 191.

[56] Naranmandura H, Suzuki N, Suzuki K T. Trivalent arsenicals are bound to proteins during reductive methylation. [J]. Chem. Res. Toxicol., 2006, 19: 1010 – 1018.

[57] 窦薛楷. 浅谈铜的污染及危害 [J]. 科技经济导刊, 2017 (8): 126.

[58] Zakaria Z A, Suratman M, Mohammed N, et al. Chromium (Ⅵ) removal from aqueoussolution by untreated rubber wood sawdust. [J]. Desalination, 2009, 244 (1 – 3): 109 – 121.

[59] Fu F, Wang Q. Removal of heavy metal ions from wastewaters: A review [J]. Journal of Environmental Management, 2011, 92 (3): 407 – 418.

[60] Peligro F R, Pavlovic I, Rojas R, et al. Removal of heavy metals from simulated wastewater by in situ formation of layered double hydroxide [J]. Chemical Engineering Journal, 2016, 306: 1035 – 1040.

[61] 邵红艳, 余海宁, 熊小龙, 等. 改进硫化物沉淀法处理氨羧配位剂电镀镉废水的研究 [J]. 电镀与环保, 2018 (1): 61 – 63.

[62] Mouedhen G, Feki M, Petris-Wery M D, et al. Electrochemical removal of Cr (Ⅵ) fromaqueous media using iron and aluminum as electrode materials: Towards a betterunderstanding of the involved phenomena [J]. Journal of Hazardous Materials, 2009, 168 (2 – 3): 983 – 991.

[63] Barreradíaz C E, Lugolugo V, Bilyeu B. A review of chemical, electrochemical andbiological methods for aqueous Cr(Ⅵ) reduction. [J]. Journal of Hazardous Materials, 2012, 223 – 224 (2): 1 – 12.

[64] 罗发生, 徐晓军, 李新征, 等. 微电解法处理铜冶炼废水中重金属离子研究 [J]. 水处理技术, 2011, 37 (3): 100 – 104.

[65] Chaudhary A J, Goswami N C, Grimes S M. Electrolytic removal of hexavalent chromium from aqueous solutions [J]. Journal of Chemical Technology & Biotechnology, 2003, 78 (8): 7.

[66] 魏英祥, 涂伟霞. 膨胀石墨负载钯纳米颗粒催化六价铬还原反应 [J]. 高等学校化学学报, 2014, 35 (11): 2397 – 2402.

[67] 韩奎. 硫铁化合物还原法处理电镀废水中 Cr (Ⅵ) [J]. 沈阳化工大学学报, 2016, 30 (1): 6 – 10, 22.

[68] Aldmour S T, Burke I T, Bray A W, et al. Abiotic reduction of Cr(Ⅵ) by humic acids derived from peat and lignite: kinetics and removal mechanism [J]. Environmental Science and Pollution Research, 2019, 26 (5): 4717 – 4729.

[69] Gong Y, Gai L, Tang J, et al. Reduction of Cr(Ⅵ) in simulated groundwater by FeS-coated iron magnetic nanoparticles [J]. Science of The Total Environ-

ment, 2017, 595: 743 - 751.

[70] Sadrzadeh M, Mohammadi T, Ivakpour J, et al. Neural network modeling of Pb^{2+}, removal from wastewater using electrodialysis [J]. Chemical Engineering & ProcessingProcess Intensification, 2009, 48 (8): 1371 - 1381.

[71] Landaburu-Aguirre J, García V, Pongrácz E, et al. The removal of zinc from syntheticwastewaters by micellar-enhanced ultrafiltration: statistical design of experiments [J]. Desalination, 2009, 240 (1): 262 - 269.

[72] 张艳. 硒/碳纳米管复合材料吸附去除水中汞离子 [C]//中国化学会. 中国化学会第 28 届学术年会第 2 分会场摘要集. 2012: 1.

[73] Zhuang S, Cheng R, Kang M, et al. Kinetic and equilibrium of U (Ⅵ) adsorption onto magnetic amidoxime-functionalized chitosan beads [J]. Journal of Cleaner Production, 2018, 188: 655 - 661.

[74] Zhao Jian, Li Zhenyu, Wang Jinfeng, et al. J. Mater. Chem. A, 2015, 3: 15124 - 15132.

[75] Wang X, Huang K, Chen Y, et al. Preparation of dumbbell manganese dioxide/gelatin composites and their application in the removal of lead and cadmium ions [J]. Journal of Hazardous Materials, 2018, 350: 46 - 54.

[76] Zhu G, Yuan Ye, Yang Yajie, et al. Constructing Synergistic Groups in Porous Aromatic Frameworks for Selective Removal and Recovery of Lead (Ⅱ) Ions [J]. Journal of Materials Chemistry A, 2018, 6 (12): 5202 - 5207.

[77] Sun Q, Aguila B, Perman J, et al. Postsynthetically Modified Covalent Organic Frameworks for Efficient and Effective Mercury Removal [J]. Journal of the American Chemical Society, 2017, 139 (7): 2786 - 2793.

[78] 金熙, 项成林. 工业水处理技术问题 [M]. 北京: 化学工业出版社, 1989.

[79] Yang X J, Fane A G, Macnaughton S. Removal and recovery of heavy metals fromwastewaters by supported liquid membranes [J]. Water Science & Technology A Journal of the International Association on Water Pollution Research, 2001, 43 (2): 341 - 348.

[80] 黄继国, 张永祥, 吕斯濠. 重金属废水处理技术综述 [J]. 世界地质, 1999 (4): 83 - 86.

[81] Bellona C, Drewes J E, Xu P, et al. Factors affecting the rejection of organic

solutesduring NF/RO treatment—A literature review. ［J］. Water Research, 2004, 38 (12): 2795 – 2809.

［82］许振良. 污水处理膜分离技术的研究进展 (一)［J］. 净水技术, 2000, 18 (3): 3 – 6.

［83］Figoli A, Cassano A, Criscuoli A, et al. Influence of operating parameters on the arsenic removal bynanofiltration ［J］. Water Res, 2010, 44: 97 – 104.

［84］Murthy Z V P, Chaudhari L B. Application of nanofiltration for the rejection of nickel ions from aqueous solutions and estimation of membrane transport parameters ［J］. J Hazard Mater, 2008, 160 (1): 70 – 77.

［85］Zhu L, Ji J, Wang S, et al. Removal of Pb(II) from wastewater using Al_2O_3-NaA zeolite composite hollow fiber membranes synthesized from solid waste coal fly ash ［J］. Chemosphere, 2018, 206: 278.

［86］Hubadillah S K, Othman M H D, Ismail A F, et al. A low-cost hydrophobic kaolin hollow fiber membrane (h-KHFM) for arsenic removal from aqueous solution via direct contact membrane distillation ［J］. Separation and Purification Technology, 2019, 214, 31 – 39.

［87］张慧, 李宁, 戴友芝. 重金属污染的生物修复技术 ［J］. 化工进展, 2004, 23 (5): 562 – 565.

［88］张皓东. 滇池水葫芦富集砷、铅、镉形态模拟研究 ［D］. 昆明理工大学, 2012.

［89］李晶, 栾亚宁, 孙向阳, 等. 水生植物修复重金属污染水体研究进展 ［J］. 世界林业研究, 2015, 28 (2): 31 – 35.

［90］梁帅, 颜冬云, 徐绍辉. 重金属废水的生物智力技术研究进展 ［J］. 环境科学与技术, 2009, 32 (11): 108 – 114.

［91］张娜, 张雯, 殷碉. 壳聚糖复合絮凝剂在工业污水处理中的应用研究 ［J］. 化工时刊, 2006, 20 (11): 35 – 36.

［92］杨思敏, 尹华, 叶锦韶, 彭辉, 张峰. 黑曲霉分泌微生物絮凝剂的效果及其絮凝特性 ［J］. 暨南大学学报 (自然科学与医学版), 2014, 35 (01): 26 – 31.

［93］严忠纯. 生物絮凝剂及磁絮凝技术在制革废水铬处理中的应用 ［D］. 陕西科技大学, 2017.

［94］康建雄, 吴磊, 朱杰, 等. 生物絮凝剂 Pullulan 絮凝 Pb^{2+} 的性能研究

[J]. 中国给水排水, 2006, 22 (19): 62 – 64.

[95] He J, Chen J P. A comprehensive review on biosorption of heavy metals by algal-biomass: materials, performances, chemistry, and modeling simulation tools [J]. Bioresource Technology, 2014, 160 (6): 67 – 78.

[96] Aryal M, Liakopoulou-Kyriakides M. Bioremoval of heavy metals by bacterialbiomass [J]. Environmental Monitoring & Assessment, 2015, 187 (1): 4173.

[97] Yin Y, Hu Y, Xiong F. Biosorption properties of Cd(II), Pb(II), and Cu (II) of extracellular polymeric substances (EPS) extracted from Aspergillus fumigatusand determined by polarographic method [J]. Environmental Monitoring and Assessment, 2013, 185 (8): 6713 – 6718.

[98] Wei W, Wang Q, Li A, et al. Biosorption of Pb(II) from aqueous solution by extracellular polymeric substances extracted from Klebsiella sp. J1: Adsorption behavior and mechanism assessment [J]. Scientific Reports, 2016, 6: 31575.

2 吸附分离

2.1 吸附理论

吸附是分离和纯化气体和液体混合物的重要单元操作之一，广泛应用于化工、炼油、食品、轻工及环保等领域[1~3]。近年来，吸附作为处理重金属废水的有效方法越来越受到关注。

2.1.1 吸附

吸附是指在固相-液相、固相-气相、固相-固相、液相-液相、液相-气相等体系中，在固体表面上液体或气体的吸着现象。在吸附过程中，吸附剂是指具有吸附性能的固体物质，吸附质则是被吸附剂吸附的物质。若流体中吸附质的浓度高于其平衡浓度则发生吸附；反之，则发生解吸。吸附与解吸过程如图2.1所示。根据吸附剂与吸附质之间相互作用力的差异，通常可以将吸附分为物理吸附和化学吸附两种类型[4,5]。

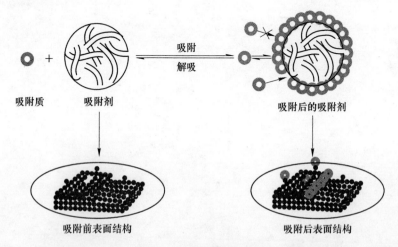

图 2.1 吸附与解吸过程

发生物理吸附时,吸附剂表面上的吸附质与吸附剂之间的作用力为范德华(van der Waals)力,这种结合力较弱,没有新的化学键生成。物理吸附的吸附过程与解吸过程是可逆过程,且过程速率较大,所需平衡时间短。

当吸附质与吸附剂之间的作用为化学键时为化学吸附过程,这种作用力比较强。在化学吸附过程中存在电子转移、原子重排或化学键的生成与破坏等现象,吸附热比较大,接近化学焓。

物理吸附和化学吸附的特点比较见表 2.1[6]。

表 2.1 物理吸附与化学吸附的比较

吸附性质	物理吸附	化学吸附
作用力	范德华力	化学键力
选择性	无选择性	有选择性
稳定性	不稳定	稳定
解吸速率	易解吸、速率快	难解吸、速率慢
吸附分子层	单分子层或多分子层	单分子层
吸附热	较小,与气体的液化热相近	较大
吸附速率	较快,受温度影响小	较慢,需要活化能

影响吸附的因素很多,但都是吸附质、溶剂和吸附剂三者关系的综合反映。

(1)吸附质和吸附剂的性质。吸附质性质与吸附剂性质越近似越容易被吸附,即相似相吸规律,也就是极性吸附剂易于吸附极性吸附质,非极性吸附剂易于吸附非极性吸附质。若吸附质分子的结构越复杂、沸点越高,则被吸附剂吸附的能力越强。

(2)溶液 pH。溶液中 pH 的大小会影响吸附性能的高低。溶液中 pH 的变化引起溶液中的溶解度的变化、溶液的极性的变化、分子间作用力的变化、吸附剂和吸附质存在的形式的变化。

(3)温度。温度对吸附过程中的影响主要是和吸附过程的热效应相关，对于一些物理吸附（范德华力）过程，温度升高不仅造成吸附质的溶解度增大还会使得吸附质在吸附剂上的吸附作用降低。所以，从吸附效果来讲低温有利于吸附。

（4）溶解度。一般说来，温度升高使溶质溶解度增加，导致吸附容量下降。也有个别情况，温度升高，溶解度下降从而使吸附规律变得复杂。

（5）无机盐的影响。多数情况下，水溶液中存在其他无机盐会降低吸附材料的吸附容量，这主要是因为无机盐离子与重金属离子之间存在竞争吸附作用的结果。

2.1.2　吸附等温线

吸附平衡为吸附过程的极限，是判断吸附过程方向和限度的依据，它是指在一定条件下，吸附质在两相中的含量达到稳定。吸附平衡关系是吸附过程设计的理论基础[7]。

研究中一般用吸附等温线来表示吸附的平衡关系。吸附等温线是在等温条件下，吸附剂的吸附容量与流体中吸附质的平衡浓度之间的关系，它反映了吸附剂表面性质的差异、孔的分布特性、吸附质与吸附剂的相互作用等[8]。此外，吸附等温曲线还是吸附剂筛选、确定吸附容量的重要内容。对吸附等温线模型的研究已有近百年的历史，目前，常用来描述吸附等温线的数学模型有很多[9~11]，下面介绍几种常用的模型。

2.1.2.1　Langmuir 等温吸附方程

对于单组元气体在固体上的吸附，1916 年 Langmuir 提出了著名的单分子层吸附理论[12]，其主要假设为：固体表面是均匀的，吸附时是单分子层的；被吸附的分子之间无相互作用力。

$$q_e = \frac{q_{max} K_L C_e}{1 + K_L C_e} \tag{2.1}$$

式中，q_e 为平衡吸附容量；C_e 为吸附质在流体中的平衡浓度；q_{max} 为最大吸附容量；K_L 为 Langmuir 吸附平衡常数，其大小反映了吸附剂吸附能力的强弱。

可以用平衡常数 (R_L) 来衡量 Langmuir 方程的适用性, 其表达式:

$$R_L = \frac{1}{1 + bC_0} \qquad (2.2)$$

当 $0 < R_L < 1$ 时, 吸附过程适合由 Langmuir 来描述。也就是说, 当 $b > 0$ 时, Langmuir 吸附模型为合适的[13]。

但是, 在实际吸附过程中被吸附的任意两个分子之间皆存在着相互作用, 而且吸附也可能是多分子层的吸附。这些条件虽然不能满足 Langmuir 方程的假设, 但并不妨碍使用该方程来进行研究。

2.1.2.2 Freundlich 等温方程

Freundlich 等温方程为

$$q_e = K_F C_e^{\frac{1}{n}} \qquad (2.3)$$

式中, K_F 和 n 为 Freundlich 等温方程的常数。

该方程是 1906 年 Freundlich 在大量实验结果的基础上提出的, 是一个应用广泛的经验公式[14]。对于特定的吸附系统, K_F 和 n 两个经验常数是温度的函数, 其中 n 可以用来判断吸附过程进行的难易程度, 反映了吸附能力大小, $1/n$ 值越小, 吸附性能越好[15]。一般认为 $1/n$ 在 0.1~0.5 之间时容易吸附; $1/n > 2$ 时吸附较难。同时 n 值代表吸附的优惠性, $n < 1$ 时为非优惠吸附, $n = 1$ 时为线性吸附, $n > 1$ 时为优惠吸附。Freundlich 方程是经过大量的实验结果总结经验的吸附公式, 适用于溶液组成未知的吸附, 同时该方程适用于描述吸附剂表面不均匀性的吸附情况, 其适用浓度范围较大, 其在溶液中吸附的应用通常比在气相中吸附的应用更为广泛。

2.1.2.3 Redlich-Peterson 等温方程

Redlich 与 Peterson 认为, Langmuir 等温式对低浓度吸附比较适合, 而 Freundlich 等温式对于高浓度吸附比较适合, 因此, 1959 年他们提出结合 Langmuir 和 Freundlich 等温式的 Redlich-Peterson 等温式[16~18]:

$$q_e = \frac{K_R C_e}{1 + b_R C_e^m} \tag{2.4}$$

式中，K_R、b_R 为 Redlich-Peterson 常数；m 为在 $0 \sim 1$ 之间的系数。

Redlieh-Peterson 等温方程不遵从理想的单层吸附，适用于不均匀表面的物理吸附与化学吸附[19]。

2.1.2.4　Temkin 吸附等温方程

Temkin 模型是在假定吸附过程的吸附自由能是其表面覆盖作用的基础上提出的用于计算吸附剂和吸附质分子之间相互作用的模型[20,21]。其形式为：

$$q_e = B_1 \ln K_T + B_1 \ln C_e \tag{2.5}$$

式中，B_1 为 Temkin 吸附常数；K_T 为平衡常数。

2.1.3　吸附热力学

吸附是自发过程，即自由能减小的过程，对吸附过程的热力学研究是判断吸附过程的程度和计算过程驱动力的重要依据。吸附热力学主要通过对吸附剂在各种温度条件下吸附容量的研究，得到各种热力学数据，如焓、自由能和熵等[10]。

固体吸附剂对溶质的吸附过程中，其焓变和熵变与吸附剂、吸附质的性质直接相关。热力学函数的计算式如下[22]：

$$\ln \frac{1}{C_e} = \frac{\Delta H}{RT} + K_0 \tag{2.6}$$

式中，C_e 为平衡浓度；K_0 为常数；R 为理想气体常数；T 为热力学温度；ΔH 由 $\ln C_e$ 对 $1/T$ 作图得到的直线斜率可知。

吸附过程的吉布斯自由能 ΔG 及吸附过程的熵变 ΔS 由以下热力学公式[23]计算：

$$\Delta G = -RT \ln K_L \tag{2.7}$$

$$\Delta S = \frac{\Delta H - \Delta G}{T} \tag{2.8}$$

吸附剂吸附能力的大小主要受吸附剂与吸附质之间的作用力性质和种类控制，而这种作用力的性质可以用吸附热来反映。因此，可用通过测定或计算吸附热的数据来初步判断吸附过程是物理吸附还是化学吸附。化学吸附的吸附热明显大于物理吸附的吸附热，这是因为物理吸附为分子间作用力，放出热量少，吸附焓变范围为 8.37 ~ 30kJ/mol；而化学吸附实质是一种化学反应，其作用是化学键，这种结合力比分子间作用力大得多，吸附焓变为 40 ~ 400kJ/mol。

2.1.4 吸附动力学

吸附动力学的主要研究内容，是通过研究吸附过程中吸附容量随时间的变化情况，弄清楚影响吸附速率的因素及其控制步骤。对一个吸附工艺进行优化以及吸附设备的设计和操作，吸附过程的动力学数据是不可或缺的。吸附动力学研究的内容包括吸附机理、吸附过程的控制步骤、吸附速率模型等。大孔树脂吸附吸附质的过程如图 2.2 所示。

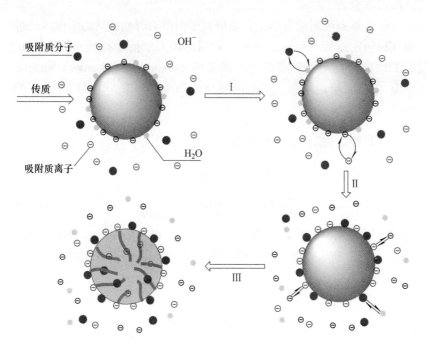

图 2.2 大孔树脂吸附吸附质的过程

2.1.4.1 吸附过程

吸附作用通常分为三个基本过程[24]：

（1）外扩散。吸附质从流体主体通过分子扩散与对流扩散传递到吸附剂颗粒的外表面。因为流体与固体接触时在紧贴固体表面处有一层滞流膜，这个过程的传质推动力和阻力主要集中在这层膜内，所以通常成为膜扩散过程。

（2）内扩散。吸附质到达吸附剂的外表面后，便继续向颗粒内的微孔扩散，从而到达颗粒的内部表面。这个过程称为内扩散过程。

（3）吸附。到达吸附剂内表面的吸附质被吸附剂上的活性吸附位吸附。

对于大多数吸附过程，吸附剂表面上吸附质的吸着速率通常远大于外扩散和内扩散。因此，吸附速率的控制步骤属于外扩散或内扩散或两者联合。

研究静态吸附动力学主要是研究吸附量对时间的动力学曲线，进而探讨吸附过程的机理。目前，常用的动力学模型有准一级（pseudo-first order）动力学模型[25]、准二级（pseudo-second order）动力学模型[26]、颗粒内扩散（interparticle diffusion）模型[27]和 Elovich 模型[28]等。

2.1.4.2 吸附动力学模型

（1）准一级动力学模型。准一级动力学方程：

$$\log(q_e - q_t) = \log q_e - \frac{k_1 t}{2.303} \tag{2.9}$$

式中，k_1 为拟一级反应常数（min^{-1}）；q_e 和 q_t 分别为平衡和时间 t 时的吸附量（mg/g）。由实验数据计算 $\log(q_e - q_t)$，并对时间 t 作图可算出 k_1。

（2）准二级动力学模型。准二级动力学速率方程为：

$$\frac{dq}{dt} = k_2(q_e - q)^2 \tag{2.10}$$

式中，k_2 为速率常数，g/(mg·min)。

式（2.10）可进一步写作：

$$\frac{dq}{(q_e - q)^2} = k_2 dt \tag{2.11}$$

对式（2.11）在 $t = 0 \sim t$，$q_t = 0 \sim q_t$ 边界条件下积分，有：

$$\frac{1}{q_e - q_t} - \frac{1}{q_e} = k_2 t \tag{2.12}$$

即获得准二级反应速率方程积分表达式，整理后可得到：

$$\frac{t}{q_t} = \frac{1}{k_2 q_e} + \frac{t}{q_e} \tag{2.13}$$

式中，q_t 和 q_e 分别为反应时间 t 与平衡时的吸附量，mg/g；k_2 为准二级吸附速率常数，g/(mg·min)。

（3）颗粒内扩散动力学模型。溶液中的吸附是一个复杂的过程，吸附质从液相中被吸附到吸附剂颗粒中，可以分为外扩散、内扩散和吸附反应三个过程。然而，准一级、二级模型均不能解释扩散机理，通常用颗粒内扩散模型对吸附过程中的扩散现象进行解释。该模型通常适用于完全混合溶液，其方程形式如下：

$$q_t = k_{id} t^{1/2} + C \tag{2.14}$$

式中，q_t 为 t 时的吸附量，mg/g；k_{id} 为颗粒内扩散系数，描述吸附和解析中分子的扩散转运机制。

（4）Elovich 模型。Elovich 方程是一个经验方程，主要描述包括一系列反应机制的吸附过程，非常适用于活化能变化较大的过程。另外，该方程还能揭示其他动力学方程所忽略的数据的不规则性。其形式为：

$$q_t = \frac{\ln \alpha \beta}{\beta} + \frac{\ln t}{\beta} \tag{2.15}$$

式中，α 为 Elovich 方程的初始吸附速率；β 为与表面覆盖率和化学吸附活化能有关的常数。作 $q_t \sim \ln t$ 直线，从斜率和截距可以得到两个参数。

2.1.5 动态吸附及穿透曲线

静态吸附实验是研究吸附剂本身性能的主要方法，考虑到实际过程的连续性，动态吸附性能的研究往往更为重要。动态吸附是废水不断地流入吸附床，与吸附剂接触，当吸附质浓度降至处理要求时，不断流出吸附柱。按照吸附剂的填充方式，可分为固定床、移动床和流化床三种，动态吸附试验中以固定床应用居多。

通过测定固定床吸附柱出口处吸附质浓度随时间或床层体积的变化，可绘制出穿透曲线（breakthrough curves），如图 2.3 所示。从穿透曲线可以了解床层吸附负荷的分布、穿透点和吸附终点。穿透点是指开始出现废水中污染物的点；吸附终点（耗竭点）是指吸附剂已完全丧失吸附能力的点。穿透曲线反映的是离子交换动态的特征曲线，通过它可以了解吸附交换体系、传质动力学、吸附剂的性质等特点，分析流出液浓度和床层中吸附剂的变化。因此，穿透曲线是吸附设备操作过程中的重要特征曲线，是评价吸附效能的重要标准，是吸附过程设计的重要依据[29]。

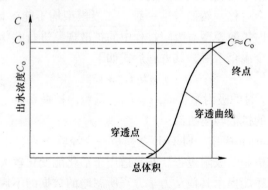

图 2.3　穿透曲线

穿透曲线愈陡，表明吸附速度愈快，吸附区越短。一般情况下，理想的穿透曲线为一条垂直线，而实际的穿透曲线往往是由吸附平衡线和操作线共同决定的，大多呈 S 形[30]。影响穿透曲线形状的因素很多，如吸附剂的粒度、吸附剂的床层高度及高径比、流速、废水浓度及温度等。对同一吸附质，采用不同的吸附剂其穿透曲线形状也不同。

动态吸附的动力学模型不同于静态吸附，一般采用 BDST 模型和 Thomas 模型对穿透曲线进行分析。

2.1.5.1 BDST 模型

吸附柱的运行时间与吸附床内树脂的高度有着密切的关系，常用到的是 BDST 模型，该模型假设吸附层为理想的均匀的表面，其作用力是范德华力，是多分子层吸附，各分子层之间均无相互作用力，其表达式[31~33]如下：

$$t = \frac{N_0}{C_0 F} Z - \frac{1}{K_a C_0} \ln\left(\frac{C_0}{C_t} - 1\right) \qquad (2.16)$$

可表达成

$$t = aZ - b$$

其中

$$a = \frac{N_0}{C_0 F} \quad b = \frac{1}{K_a C_0} \ln\left(\frac{C_0}{C_t} - 1\right)$$

式中，K_a 为吸附速率常数，L/(min·mg)；N_0 为吸附柱的吸附容量，mg/L；Z 为吸附柱的高度，cm；C_t 为时间为 t 时的溶液浓度，mg/L；C_0 为溶液的初始浓度，mg/L；F 为流速，cm/min。

2.1.5.2 Thomas 模型

Thomas 模型因可以较好地计算吸附柱的饱和吸附容量和相应的吸附速率常数，故常用来描述吸附柱的动态吸附过程[34]，其表达式为：

$$\frac{C_t}{C_0} = \frac{1}{1 + \exp(K_{Th} q_0 x / v - K_{Th} C_0 \times t)} \qquad (2.17)$$

其线性形式为：

$$\ln\left(\frac{C_0}{C_t} - 1\right) = \frac{K_{Th} q_0 x}{v} - k_{Th} C_0 t \qquad (2.18)$$

式中，K_{Th} 为吸附速率常数，mL/(min·mg)；q_0 为平衡吸附量，mg/g；x 为吸附柱内吸附剂的量，g；v 为流速，mL/min；t 为吸附柱运行时间，min。

2.2 吸附分离材料的分类

吸附分离材料按照不同的分类依据有不同的分类方法。按照吸附机理的不同，可以将吸附分离材料分为物理吸附材料、化学吸附材料和交换吸附材料；按照孔结构不同可以分为大孔、介孔和微孔吸附材料；按照材料的化学结构不同可以分为无机吸附材料、有机吸附材料和有机无机复合吸附材料三大类。下面简单介绍几种常用吸附剂。

（1）活性炭。活性炭是最早应用也是迄今为止最优良的吸附剂，一般由木炭等含碳物质经高温炭化和活化而成，其表面及内部都有细孔，呈相互连通的网状空间结构，具有很大的比表面积。活性炭的吸附作用主要分为物理吸附和化学吸附。物理吸附是指由于活性炭内部分子在各个方向都承受着同等大小的力，而在表面的分子则受到不平衡的力，使得被吸附物质吸附在其表面上；化学吸附是指活性炭与被吸附物质发生化学反应而产生的吸附。通常情况下，活性炭吸附是物理吸附与化学吸附的综合作用。活性炭对水中的重金属离子具有非常良好的去除效果，如铬、镍、汞、铅、镉、铜、砷等[35~37]。活性炭在有机物去除方面的研究中广受关注，如含酚废水[38]，甲醇[39]、甲苯[40]、炼油废水[41]、农药废水[42,43]等。

（2）生物炭。生物炭（BC）是由动植物生物质在完全或部分缺氧条件下，经高温裂解炭化而产生的一类高度芳香化、抗分解能力极强的碳质固体物质[44]，具备高比表面积和丰富孔状结构，并含羰基、羟基、羧基等活性官能团的有机连续体。目前利用生物炭处理水体中重金属或者吸附固定土壤的研究结果中，已证明土壤得到有效修复，水中重金属含量降低，甚至去除了环境中的重金属。周金波等人采用的是大田试验方法，研究了水稻竹炭、秸秆、山核桃壳炭对镉污染土壤的修复及青菜对镉吸收的影响。结果表明，不同种类生物炭作用的土壤镉含量显著降低，降幅达到 11.46% ~ 17.54%；同时降低了青菜根部的镉含量，降幅达到 9.1% ~ 18.8%，青菜鲜产量也逐渐增加[45]。

一般热解温度越高、时间越久，得到生物炭的密度越大，而原始物质、热解温度、热解时间会直接影响密度和粒径的大小。生物炭最重要的物理性质是它的孔结构和比表面积。孔径一般分为三种：大于50nm 称为大孔；位于 2 ~ 50nm 之间的称为中孔；小于 2nm 的称为微孔。在热解过程中，随着温度升高，大量有机质挥发，逐渐放大原有孔隙结构，增大比表面积、孔容和孔径。正是这些孔隙结构，在处理废水和土壤修复上起到关键作用。

相比其他的环境材料，化学性质和化学组成是生物炭的特有性质。它的化学组成相对丰富、组成稳定，常见的元素有 C、N、Si 等。一般随热解温度升高，碳含量增加，H、O、N 的含量减少。因此，制备生物炭需要选择合适的热解时间、热解温度以及升温速率[46]。

（3）活性炭纤维。活性炭纤维（ACF），亦称纤维状活性炭，是在活性炭和高性能碳纤维研究的基础上迅速发展起来的一种多孔炭材料，是性能优于活性炭的高效活性吸附材料和环保工程材料。ACF 是由有机纤维经高温炭化活化制备而成的一种多孔性纤维状吸附材料，是继传统粉状、粒状活性炭之后的第三代活性炭产品。由于它可方便地加工为毡、布、纸等不同的形状，并具有耐酸碱耐腐蚀特性，使得其一问世就得到人们广泛的关注和深入的研究。活性炭纤维作为具有高度发达微孔的高效吸附材料，在水处理中发挥着巨大的作用，如含重金属废水[47~49]、炼油废水[50]、苯系有机物[51]、印染废水[52,53]、农药废水[54]等。此外，活性炭纤维还在催化、医药、军工等领域得到广泛应用。

（4）天然矿物吸附剂。天然矿物在吸附领域中的应用前景广阔。目前常用作吸附剂的天然矿物主要有膨润土、蒙脱石、海泡石、海绵铁、凹凸棒石等。由于各类矿石具有较高的吸附性能，广泛地应用于化工废水的处理，其中对废水中重金属离子的吸附[55,56]、印染废水的治理尤为突出[57]，并且取得了很好的吸附效果。虽然吸附染料速度快并且效果好，但是用天然矿物作吸附剂成本较高，解吸效果不佳，容易产生二次污染。

（5）固体废弃物。炉渣、煤渣、粉煤灰、植物秸秆焚烧后的粉末等废弃物广泛存在于自然界中，成本低廉，并且长期堆置容易造成固废污染，如果对其加以利用，可实现固废资源化，达到保护环境的目的。由于各类固体废弃物具有较高的吸附性能，广泛地应用于重金属废水、印染废水、含磷废水等[58~60]。

（6）吸附树脂。吸附树脂出现于 20 世纪 60 年代，我国于 1980

年以后才开始有工业规模的生产和应用。吸附树脂也是在离子交换树脂基础上发展起来的一类新型树脂，是一类多孔性的、高度交联的高分子共聚物，又称为高分子吸附剂。这类高分子材料具有较大的比表面积和适当的孔径，可从气相或溶液中吸附某些物质。吸附树脂吸附技术最早用于废水处理、医药工业、化学工业、分析化学、临床检定和治疗等领域，近年来在我国已广泛用于中草药有效成分的提取、分离、纯化工作中。

　　吸附分离技术广泛应用于石油化工、化工、医药、冶金、食品和电子等工业部门，用于气体分离、干燥及空气净化、废水处理等环保领域。吸附分离技术可以应用于工业气体的分离提纯，如可以实现常温空气分离氧氮，酸性气体脱除，从各种气体中分离回收氢气、CO_2、CO、甲烷、乙烯等；还可用于化学工业和石化工业生产过程中对后序工段或最终产品中有害组分[62]的脱除，如合成氨变换气的脱碳、工业气体脱硫和天然气净化等；还可以应用于废水处理、液体的分离净化和气体的储存等[63]。

参 考 文 献

[1] 靳海波，徐新，何广湘，等. 化工分离过程 [M]. 北京：中国石化出版社，2008.

[2] Seader J D, Henley E J, 朱开宏，等. 分离过程原理 [M]. 上海：华东理工大学出版社，2007.

[3] 尹芳华，钟璟. 现代分离技术 [M]. 北京：化学工业出版社，2009.

[4] 叶振华，宋清. 化学工程手册 [M]. 北京：化学工业出版社，1985.

[5] 北川浩，铃木谦一郎，著. 吸附的基础与设计 [M]. 鹿政理，译. 北京：化学工业出版社，1983.

[6] 颜肖慈，罗明道. 界面化学 [M]. 北京：化学工业出版社，2004.

[7] 柴诚敬，等. 化工原理下册 [M]. 北京：高等教育出版社，2010.

[8] 张小平. 胶体界面与吸附教程 [M]. 广州：华南理工大学出版社，2008.

[9] Motoyuki S. Adsorption Engineering [M]. Tokyo: Kodansha Ltd, 1990.

[10] 顾锡慧. 大孔树脂吸附——生物再生法处理高盐苯胺/苯酚废水的研究 [D]. 大连：大连理工大学，2008.

[11] Tang H, Zhou W J, Zhang L N. Adsorption isotherms and kinetics studies of

malachite green on chitin hydrogels [J]. J Hazard Mater, 2012, 209 - 210 (3): 218 -225.

[12] Langmuir I. The constitution and fundamental properties of solids and liquids. Part I. Solids [J]. J Am Chem Soc, 1916, 38 (11): 2221 -2295.

[13] Malana M A, Ijaz S, Ashiq M N. Removal of various dyes from aqueous media onto polymeric gels by adsorption process, Their kinetics and thermodynamics [J]. Desalination, 2010, 263 (1 -3): 249 -257.

[14] Freundlich H M F. Uber die adsorption in losungen [J]. Z Phys Chem, 1906, 57 (A): 385 -470.

[15] Redlich O, Peterson D L. A useful adsorption isotherm [J]. J Phy Chem, 1959, 63 (6): 1024.

[16] Weber J W J, Critendend J C. A numeric method for design of adsorption systems [J]. J Wat Pollut Control Fed, 1975, 47 (5): 924 -940.

[17] Choy K K H, Porter J F, McKay G. Single and multicomponent equilibrium studies for the adsorption of acidic dyes on carbon from effluents [J]. Langmuir 2004, 20 (22): 9646 -9656.

[18] Parimal S, Prasad M, Bhaskar U. Prediction of equillibrium sorption isotherm: Comparison of linear and nonlinear methods [J]. Ind Eng Chem Res, 2010, 49 (6): 2882 -2888.

[19] Wu J F, Strömqvist M E, Claesson O, et al. A systematic approach for modelling the affinity coefficient in the Dubinin-Radushkevich equation [J]. Carbon, 2002, 40 (14): 2587 -2596.

[20] Poots V J P, McKay J, Heal J. Removal of basic dye from effluent using wood as all adsorbent [J]. J Wat Pollut Control Fed, 1978, 50: 926 -934.

[21] Gad H M H, El-Sayed A A. Activated carbon from agricultural byproducts for the removal of rhodamine-B from aqueous solution [J]. J Hazard Mater, 2009, 168 (2 -3): 1070 -1081.

[22] Barsanescu A, Buhaceanu R, Dulman V. Removal of basic blue 3 by sorption onto a weak acid acrylic resin [J]. J Appl Polym Sci, 2009, 113 (1): 607 - 614.

[23] Gupta V K, Mittal A, Krishnan L. Adsorption kinetics and column operations for the removal and recovery of malachite green from wastewater using bottom ash [J]. Sep Purif Technol, 2004, 40 (1): 87 -96.

[24] 蒋维钧. 新型传质吸附分离技术 [M]. 北京: 高等教育出版社, 1992.

[25] Langmuir I. The adsorption of gases on plane surfaces of glass, mica, and platinum [J]. J Am Chem Soc, 1918, 40 (9): 1361 – 1368.

[26] Ho Y S, McKay G. Pseudo-second order model for sorption processes [J]. Process Biochem, 1999, 34 (5): 451 – 465.

[27] Weber W J, Morris J C. Advances in water pollution research [C]. Proceedings of the First International Conference on Water Pollution Research, Pergamon, Oxford, United Kingdom, 1962, 2: 231 – 266.

[28] Turan N G, Ergun O N. Removal of Cu(Ⅱ) from leachate using natural zeolite as a landfill liner material [J]. J Hazard Mater, 2009, 167 (1 – 3): 696 – 700.

[29] 许光眉. 石英砂负载氧化铁（IOCS）吸附去除锑、磷研究 [D]. 长沙: 湖南大学, 2006.

[30] Lee I H, Kuan Y C, Chern J M. Prediction of ion exchange column breakthrough curves by constant-pattern wave approach [J]. J Hazard Mater, 2008, 152 (1): 241 – 249.

[31] Bhakat P B, Gupta A K, Ayoob S. Feasibility analysis of As(Ⅲ) removal in a continuous flow fixed bed system by modified calcined bauxite (MCB) [J]. J Hazard Mater, 2007, 139 (2): 286 – 292.

[32] Maji S K, Pal A, Pal T, et al. Modeling and fixed bed column adsorption of As (Ⅲ) on laterite soil [J]. Sep Purif Technol, 2007, 56 (3): 284 – 290.

[33] 周利民, 王一平, 黄群武, 等. 壳聚糖基磁性树脂对 Au^{3+} 和 Ag^+ 的吸附Ⅱ吸附热力学和穿透曲线研究 [J]. 离子交换与吸附, 2008, 24 (6): 518 – 525.

[34] Thomas H C. Heterogeneous ion exehange in a flowing system [J]. J Am Chem Soc, 1944, 66: 1664 – 1666.

[35] 秦恒飞, 刘婷逢, 周建斌. $Na_2S \cdot HNO_3$ 改性活性炭对水中低浓度 Pb^{2+} 吸附性能的研究 [J]. 环境工程学报, 2011, 5 (2): 306 – 310.

[36] 范明霞, 童仕唐. 活性炭上吸附态重金属稳定性 [J]. 环境工程学报, 2017 (1): 312 – 316.

[37] 吴云海, 李斌, 冯仕训, 等. 活性炭对废水中 Cr(Ⅵ)、As(Ⅲ) 的吸附 [J]. 化工环保, 2010, 30 (2): 108 – 112.

[38] 杜秀珍, 苏艳春. 活性炭对水溶液中苯酚的吸附 [J]. 新型炭材料, 1993 (3): 52 – 55.

[39] 李立清, 梁鑫, 姚小龙, 等. 微波改性对活性炭及其甲醇吸附的影响被引

量 [J]. 湖南大学学报, 自然科学版, 2014 (7): 78 - 83.

[40] 李立清, 石瑞, 顾庆伟, 等. 酸改性活性炭吸附甲苯的性能研究 [J]. 湖南大学学报 (自然科学版), 2013, 40 (5): 92 - 98.

[41] 季凌, 吴芳云, 陈进富. 活性炭吸附在炼油化工废水回用中的应用 [J]. 工业水处理, 2002 (11): 25 - 27.

[42] 何文杰, 谭浩强, 韩宏大, 等. 粉末活性炭对水中农药的吸附性能研究 [J]. 环境工程学报, 2010 (8): 1692 - 1696.

[43] 仇付国, 林少华, 王晓昌. 几种给水处理工艺去除微量农药的效果比较 [J]. 中国给水排水, 2003 (6): 32 - 35.

[44] 李力, 陆宇超, 刘娅, 等. 玉米秸秆生物炭对 Cd (Ⅱ) 的吸附机理研究 [J]. 农业环境科学学报, 2012 (11): 2277 - 2283.

[45] 周金波, 汪峰, 金树权, 等. 不同材料生物炭对镉污染土壤修复和青菜镉吸收的影响 [J]. 浙江农业科学, 2017, 58 (9): 1559 - 1560.

[46] Rajapaksha A U, Chen S S, Tsang D C, et al. Engineered/designer biochar for contaminant removal/immobilization from soil and water: Potential and implication of biochar modification [J]. Chemosphere, 2016, 148: 276 - 291.

[47] 谢欢欢, 周元祥, 范晨晨, 等. 改性活性炭纤维对重金属离子的吸附研究 [J]. 合肥工业大学学报 (自然科学版), 2016 (2): 256 - 259.

[48] 李祥平, 齐剑英, 陈永亨. 广州市主要饮用水源中重金属健康风险的初步评价 [J]. 环境科学学报, 2011, 31 (3): 547.

[49] 肖乐勤, 陈霜艳, 周伟良. 改性活性炭纤维对重金属离子的动态吸附研究 [J]. 环境工程, 2011 (S1): 289 - 293.

[50] 徐志达, 冯仰桥. 活性炭纤维处理炼油废水展望 [J]. 工业水处理, 1998 (2): 1 - 3.

[51] 李守信, 张文智, 宋立民. 用活性炭纤维吸附回收废气中的苯 [J]. 化工环保, 2003 (4): 229 - 231.

[52] Hatem A AL-Aoh, Rosiyah Yahya, Jamil Maah M, et al. Adsorption of methylene blue on activated carbon fiber prepared from coconut husk: Iotherm, kinetics and thermodynamics studies [J]. Desalin Water Treat, 2014, 52 (34 - 36): 6720.

[53] 龚正君, 周文波, 陈钰. 活性炭纤维对水中酸性染料的吸附研究 [J]. 工业水处理, 2012, 32 (9): 24.

[54] 徐建华, 孙亚兵, 冯景伟, 等. 活性炭纤维对水中敌草隆的吸附性能 [J]. 环境化学, 2011, 30 (12): 2009.

[55] 冯海刚, 井柳新, 李頔. 天然矿物吸附地下水中重金属的研究进展 [J]. 水处理技术, 2011, (11): 1 - 4, 9.

[56] 丁振华, 冯俊明, 王明士. 天然氧化铁矿物对铅离子的吸附研究 [J]. 生态环境, 2003 (2): 131 - 134.

[57] 林明阳, 姚煜杰, 郝琦玮, 等. 几种环境矿物对印染废水处理性能的比较研究 [J]. 非金属矿, 2016 (1): 24 - 26, 51.

[58] 陈莉荣, 张思思, 王哲. 高炉渣对 Cr^{6+} 吸附性能的研究 [J]. 应用化工, 2016 (7): 1267 - 1271, 1275.

[59] 刘佳丽, 王庆平, 闵凡飞, 等. 粉煤灰改性及其吸附含油废水的研究 [J]. 化工新型材料, 2017 (1): 243 - 245.

[60] 金洁蓉, 张丽娜, 杨春和. 秸秆活性炭对印染废水的净化与吸附作用研究 [J]. 安徽农业科学, 2014 (14): 4397 - 4398.

[61] 张全兴, 李爱民, 潘丙才. 离子交换与吸附树脂的发展及在工业废水处理与资源化中的应用 [J]. 高分子通报, 2015 (9): 21 - 43.

[62] 古共伟, 陈健. 吸附分离技术在现代工业中的应用 [J]. 合成化学, 1999 (4): 346 - 353.

[63] Yang Ralph T. Adsorbents Fundamentals and Applications [M]. Wiley-Interscience: Hoboken, N J. 2003.

3 水中铅的去除

3.1 水中铅离子的去除研究进展

随着工业的发展，铅的使用量越来越大，铅所造成的污染也越来越严重。对含铅废水综合处理及回收利用变得尤为重要[1]。目前，含铅废水的处理技术主要有吸附法、化学沉淀法、离子交换法、电解法、生物法、膜分离法等[2~4]。

（1）吸附法。

吸附法主要利用吸附剂具有较大的比表面积和很多微孔、空腔、通道结构，对大多数重金属离子都具有一定的吸附能力，或其所含有的羧基、氨基、羟基等活性基团对重金属离子的螯合作用而有效去除废水中的 Pb^{2+}。用于含铅废水的吸附材料有活性炭、生物炭、离子交换树脂和纤维、表面改性材料、新型功能复合材料等。

Imamoglu 等[5] 采用 $ZnCl_2$ 活化榛子壳热解制得活性炭来去除 Pb^{2+}，去除率达 97.2% ~ 93.2%，最大吸附量 q_m 为 13.05mg/g。Boudrahem 等[6] 将咖啡残渣用 H_3PO_3 和 $ZnCl_2$ 进行活化处理得到廉价活性炭，并考察了它们对废水中 Pb^{2+}、Cd^{2+} 的吸附性能，研究发现它们对 Pb^{2+} 的饱和吸附量分别为 89.28 和 63.29mg/g。Wang 等[7] 报道了一种双氧水氧化枫木生物炭吸附水中铅离子的研究。

Zhang 等[8] 采用聚乙烯醇大孔吸附树脂吸附 Pb^{2+}，研究发现当吸附剂用量为 1g/L、pH = 6、Pb^{2+} 的初始浓度为 300mg/L 时，Pb^{2+} 的最大吸附量达到 213.98mg/g。离子交换纤维具有比离子交换树脂更小的直径和更大的比表面积，因而与离子交换树脂相比具有更快的吸附速率，并能吸附废水中的痕量重金属离子，实现深度净化[9]。Wang 等[10] 采用新的多孔螯合纤维吸附水中的铅离子，研究发现该材料 35℃下的饱和吸附量达到 526.31mg/g，可以用 1mol/L 的 HCl 和 0.1mol/L 的 EDTA 进行有效解吸，再生 5 次内吸附容量基本无损失。

表面改性材料一般指在天然材料的表面引入丰富的有机官能团（如磺酸基、羧基、氨基等）后的改性材料[11]。He 等[12]采用聚丙烯酸改性膨润土(PAA/HB)吸收水中的 Pb^{2+}，研究发现在 pH = 5 的条件下，PAA/HB 对初始浓度为 500mg/L 的 Pb^{2+} 的最大吸附量达到 499.4mg/g，去除率高达 99.9%。Nguyen 等[13]采用表面接枝改性壳聚糖吸附水溶液中 Pb^{2+}，研究发现在 pH = 5、30℃接触 300min 后，该改性壳聚糖对 Pb^{2+} 的吸附容量达到 107.1mg/g。当吸附剂投加量从 0.8g/L 增加到 2.5g/L 时，Pb^{2+} 的去除率从 77.30% 提高到 98.83%。

新型功能复合材料主要有表面改性纳米复合材料和氧化石墨烯基复合材料[14,15]等。尹甲兴等[16]采用磁性 $Fe_3O_4@SiO_2\text{-}NH_2$ 复合纳米粒子去处水中 Pb^{2+}，研究发现在 25℃、pH = 6、吸附剂投加量为 2g/L、Pb^{2+} 的初始浓度为 700mg/g、接触时间 2h 的条件下，该磁性纳米粒子对 Pb^{2+} 的最大吸附量为 173.2mg/g；当投料量为 3.2g/L 时，相同温度和 pH 下，对初始浓度为 100mg/L 的 Pb^{2+} 溶液的吸附提取率达到 99.6%，达到污水排放标准。Peng 等[17]采用磁性纳米螯合吸附剂 CPMS 吸附水中 Pb^{2+}，在温度为 25℃、pH = 6、初始浓度为 9.75mg/L 时，Pb^{2+} 去除率几乎达到 100%，5min 内达到了 95%，CPMS 具有较好的耐酸稳定性，有利于实现吸附剂的再生和重复利用。Deng 等[18]采用功能化石墨烯吸附水中的 Pb^{2+}，研究发现在 25℃、pH = 5.8、Pb^{2+} 的初始浓度为 207mg/L 时，Pb^{2+} 去除率达到 89.89%。Clemonne 等[19]用 EDTA 接枝改性氧化石墨烯制得的 EDTA-GO 为吸附剂，在 25℃、pH = 6.8、初始浓度 100mg/L、吸附剂投加量 0.2g/L 时，其对 Pb^{2+} 的最大吸附量达到 479 ± 46mg/g，同 EDTA-GO 在稀 HCl 中可实现解吸再生。

（2）膜分离法。

Gherasim 等[20]采用聚氯乙烯(PVC)为基体，磷酸双 - (2 - 乙基己基)酯(D2EHPA)为特殊载体的聚合物膜(PIM)去处水中 Pb^{2+}，研究发现当 D2EHPA 与 PVC 的质量比为 1、pH = 3、Pb^{2+} 的初始浓度为 25 ~ 113mg/L 时，在 180 ~ 200min 内该膜对 Pb^{2+} 的去除几乎达到了 100%，且在相同质量浓度的 Pb^{2+}、Co^{2+}、Ni^{2+} 混合溶液中表现出对 Pb^{2+} 独特的选择性分离。Sabry 等[21]采用以 D2EHPA 为载体，单油酸失水山梨醇酯(Span 80)为乳化剂制备的乳液膜去处水中的 Pb^{2+}，研究发现在最佳工艺条件下该乳液膜对 Pb^{2+} 的去除率达到99% ~ 99.5%。Fischer 等[22]采用两步电渗析法处理含重金属离子的酸性废水，其中的 Pb^{2+}、Cd^{2+}、Cr^{3+} 去除率达到99%以上，处理后的水质达到德国工业废水回用标准。

（3）离子液体萃取法。

离子液体萃取法是利用烷基咪唑类离子液体与水中的重金属盐发生离子交换萃取重金属离子[23]。离子液体萃取法相对于传统的化学溶剂萃取法是一种绿色萃取技术，具有分离效率高、安全简单、对环境几乎无污染等优点。Lertlapwasin 等[24]在室温下通过对比不同 pH 的六氟磷酸 1 - 辛基 - 3甲基咪唑翁离子液体对 Pb^{2+}、Cu^{2+}、Ni^{2+} 的萃取发现，当 pH 由 3.0 增加到 6.0 时，Pb^{2+} 的萃取率由 0 可以升高到80%。陈莉莉[25]采用新型吡唑啉酮萃取剂 PMBP-2-ABT 用于废水中 Pb^{2+}、Cu^{2+}、Co^{2+}、Zn^{2+}、Ni^{2+} 的萃取研究，发现其萃取率依次为 99%、99%、98%、88%、82%。AlBishri 等[26]采用纳米 Si-NH_2 化的 1 - 丁基 - 3甲基咪唑双 [三氟甲磺酰基] 酰亚胺萃取分离湖水和工业废水中 Pb^{2+}，研究发现萃取率接近100%，这种将纳米硅颗粒与疏水性离子液体相结合的方式可直接用于重金属离子的萃取，而不需添加任何螯合剂。

（4）化学沉淀法。

根据沉淀类型的不同，化学沉淀法可分为氢氧化物沉淀法、难溶盐沉淀法和铁氧体沉淀法等。在氢氧化物沉淀法中，常用的沉淀剂有 NaOH、$Ca(OH)_2$、CaO 和 $Mg(OH)_2$ 等[27~29]。通常采用氢氧化物沉淀法处理重金属废水前需将 pH 控制在 8 ~ 11，由于析出的部分 $Pb(OH)_2$ 沉淀粒径微小易悬浮在水中，最好添加少量絮凝剂后再结合重力沉降予以分离。范庆玲[30] 等采用化学沉淀法处理废水中的 Pb^{2+}，研究发现，无机沉淀剂与有机沉淀剂联用，按照沉淀剂与重金属摩尔量比为 1.5 加入硫化钠后，再按照添加量为 $30mg \cdot L^{-1}$ 添加 MT-103，达到很好的去除效果。

难溶盐沉淀法是向含 Pb^{2+} 废水中加入 Na_2S、NaHS 和 Na_3PO_3、磷灰石等沉淀剂，生成溶解度极小的 PbS 和 $Pb_3(PO_4)_2$ 沉淀。该法的优点是效果好、速度快、出水水质稳定，沉渣还可用作建筑材料的添加剂，变废为宝，抵消水处理成本[31,32]，缺点是 Na_2S、NaHS 的量难以控制、可能存在二次污染。

铁氧体沉淀法是通过铁盐与 Pb^{2+} 形成磁性复合铁氧体晶粒而一同沉淀析出，从而去除废水中的 Pb^{2+}。铁氧体法处理含废水中的 Pb^{2+} 的效果主要受铁盐投加量、pH、温度和时间的影响，提供足量的 Fe^{2+} 和 Fe^{3+} 是形成铁氧体的重要条件[33]。铁氧体法的优点是能同时除去废水中的多种重金属离子，且化学性质稳定，一般不会形成二次污染；缺点是在形成铁氧体的过程中需在较高温度下加热，能耗较大。

(5) 电解法。

张少峰等[34]采用三维电解技术处理工业含铅废水，研究发现电极材料、电解槽极距、槽压对电解效率有很大影响，以泡沫铜为阴极，在接近零极距、槽压为 4V 的条件下，Pb^{2+} 去除率达到 85%，明显高于二维电极中以不锈钢为阴极的 34%。Abou-Shady 等[35]将电解法与电渗析、膜吸附结合起来处理含铅废水，经电渗析将 Pb^{2+} 浓缩至 2600 ~ 3000mg/L，之后进行电解，能回收其中 90% ~ 91% 的铅，再经膜吸附过滤后残留浓度分别达到 1.0 ~ 1.3 与 1.4 ~ 1.9mg/L。电解法具有不产生二次污染、能实现重金属的重复利用等优点，但能耗大、成本高。

(6) 生物法除铅技术。

生物处理技术主要是利用一些生物体及其衍生物对铅离子的吸附、絮凝及富集作用而除去有毒的 Pb^{2+}，包括生物吸附法、微生物絮凝法和植物修复法等。徐雪芹等[36]研究固化菌体在水溶液中对 Pb^{2+} 和 Cu^{2+} 的吸附效果，发现其最大吸附容量达到 298.01mg/g，吸附剂吸附解吸循环 5 次，吸附能力几乎不变。Feng 等[37]采用多黏性芽孢杆菌所产絮凝剂（MBFGA1）去处废水中的 Pb^{2+}，研究发现，当MBFGA1 分两步投加时，可达到最大铅去除率 99.85%，对 Pb^{2+} 的去除机理主要是吸附架桥作用。

近几年来，人们不断追求更加高效简单的方法处理含铅废水，来减少 $Cr(Ⅵ)$ 对环境的危害。随着水中铅离子标准的提高，单一的传统的方法很难满足需要，因此，将各个工艺进行优化组合，扬长避短，充分的发挥每个技术的优势，是今后处理含铅废水的主流方向。

3.2 玉米秸秆对铅离子的吸附特性

3.2.1 实验方法

3.2.1.1 吸附剂的制备和筛选

将玉米秸秆用蒸馏水洗涤数次，于空气鼓风干燥箱中烘干，然后彻底粉碎、过筛，待用。

玉米秸秆的扫描电镜结果如图 3.1 所示，从图 3.1 中可以看到玉米秸秆有均匀的孔道且排列整齐，孔道内表面凹凸不平，较为粗糙。

图 3.1　玉米秸秆 SEM 图

利用 N_2-物理吸附法测量玉米秸秆的比表面积、孔径和孔容,具体数值见表 3.1。由表 3.1 可以看出,玉米秸秆的比表面积为 $21.008m^2/g$,孔径仅为 $3.294nm$。

表 3.1　玉米秸秆的特性参数

比表面积/$m^2 \cdot g^{-1}$			孔容/$mL \cdot g^{-1}$		孔径/nm	
BET	Single	BJH	Single	BJH	BET	BJH
21.008	16.686	4.415	0.0173	0.00252	3.294	2.288

3.2.1.2　吸附试验

配置不同浓度的含 Pb^{2+} 模拟废水进行吸附实验;将一定量吸附剂加到 50mL 含 Pb^{2+} 溶液锥形瓶中;然后将其置于振荡摇床中,以 110r/min 的振荡频率振荡至吸附平衡;取出一定量的溶液用 $0.45\mu m$ 的滤膜过滤,用原子吸收法检测其浓度,考察吸附剂吸附容量的影响。通过改变吸附剂投加量、Pb^{2+} 初始浓度、温度、pH 和吸附时间研究吸附等温线、动力学和热力学。其中,实验中用 0.01mol/L HCl 和 0.02mol/L NaOH 调节溶液 pH。

3.2.2　玉米秸秆对 Pb^{2+} 的吸附性能

3.2.2.1　pH 对吸附效果的影响

由于溶液 pH 的不同,铅离子的存在形态也不同,且关系到吸附剂表面质子化程度和表面电荷的多少。在 Pb^{2+} 溶液初始浓度为 20mg/L,吸附剂投加量为 0.2g,温度为 298K 摇床振荡频率为 110r/min,吸附时间为 24h 的条件下,研究溶液 pH 对玉米秸秆吸附性能的影响,结果如图 3.2 所示。从图 3.2 中可以看出,随 pH 的增加,玉米秸秆对 Pb^{2+} 的吸附容量总体呈增加趋势。因为 pH 值小于 5 时,铅离子主要以游离的 Pb^{2+} 形式存在;pH 值大于 5 时,铅的羟合配位离子逐渐生成,并开始形成浑浊,当 pH 为 9 时出现大量沉淀。Pb^{2+} 初始 pH 值由 2 增加至 6 时,去除率由 72% 迅速增大到 92.06%;当 pH 继续增加时,玉米秸秆对铅的去除率略有下降。在 pH 较低的情况下,

玉米秸秆对 Pb^{2+} 的去除率随着溶液初始 pH 的增大而逐渐增大，升高 pH 有利于玉米秸秆对 Pb^{2+} 的去除；但当增大到一定的限度时，吸附容量达到饱和，继续增大 pH 去除率基本不再增大。这是因为在酸性环境中，H^+ 的大量存在占据了许多吸附位，与重金属离子形成竞争吸附，从而降低了玉米秸秆对铅离子的吸附能力。而当 pH 大于 7 时，重金属离子容易与溶液中多余的 OH^- 形成沉淀，减弱吸附。可见，玉米秸秆吸附 Pb^{2+} 的最佳 pH 为 6 左右[38]。

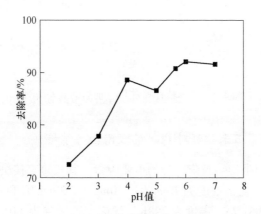

图 3.2　pH 对玉米秸秆吸附 Pb^{2+} 去除率的影响

玉米秸秆吸附 Pb^{2+} 前后的红外谱图如图 3.3 所示。由图 3.3 可以看到，在 895cm^{-1} 处出现环状 C—O—C 不对称面外振动吸收峰，玉米秸秆在 1000 ~ 1200cm^{-1} 分别出现纤维素骨架特征吸收峰，其中在 1060cm^{-1} 处出现纤维素骨架 C—O—C 的伸缩振动吸收峰，在 1382cm^{-1} 处出现 C—H 弯曲振动吸收峰，在 1634cm^{-1} 处出现 C =O 伸缩振动吸收峰，在 2917cm^{-1} 处出现对称或非对称 C—H 伸缩振动吸收峰，由于存在分子间和分钟内氢键在 3425cm^{-1} 处出现—OH 的伸缩振动吸收峰。玉米秸秆吸附 Pb^{2+} 后在 1634cm^{-1}、1382cm^{-1} 和 1050cm^{-1} 处的吸收峰明显增强，在 1373cm^{-1} 处出现吸收峰，这主要是由于玉米秸秆中—COO$^-$ 与 Pb^{2+} 的相互作用引起的，结果表明 Pb^{2+} 吸附到了玉米秸秆上。

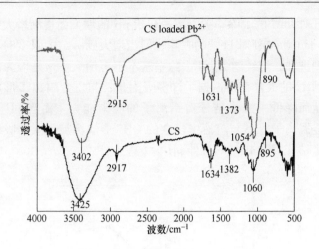

图3.3　玉米秸秆吸附 Pb^{2+} 前后的红外谱图

3.2.2.2　玉米秸秆对 Pb^{2+} 的吸附动力学特征

吸附时间是影响吸附行为的重要因素，其长短直接决定吸附量的大小。在 Pb^{2+} 初始浓度为 10mg/L、20mg/L、30mg/L 和 40mg/L，吸附剂投加量为 0.2g，温度为 298K，摇床振荡频率为 110r/min，吸附时间为 24h 的条件下，时间对玉米秸秆吸附的影响如图 3.4 所示。

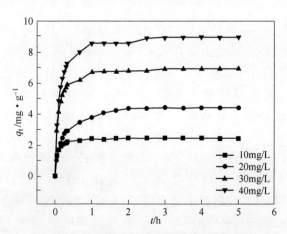

图3.4　时间对玉米秸秆吸附 Pb^{2+} 的影响

由图 3.4 可知，在开始阶段 Pb^{2+} 的吸附速率较快，且玉米秸秆的吸附容量随着吸附时间增加而迅速增大，随着溶液初始浓度增大而增大，这是因为较高的浓度梯度利于吸附的进行。在吸附 60min 时，玉米秸秆对初始浓度 10mg/L、20mg/L、30mg/L 和 40mg/L 的 Pb^{2+} 溶液中的铅的吸附容量分别接近其最大吸附量的 97.7%、86.1%、96.7% 和 95.6%；180min 时，由于吸附剂表面吸附趋于饱和，吸附过程达到平衡状态。因此，在 pH 值为 6、温度为 25℃ 时玉米秸秆吸附 Pb^{2+} 的平衡时间是 180min。

吸附剂对溶液中重金属离子的吸附大致可分为：初始、中期、后期 3 个阶段。从图 3.4 中可以看出，吸附容量随时间的变化主要存在 3 个不同阶段：初始阶段，吸附速率非常快，在 20min 时吸附量达到饱和吸附量的 90.73%、66.01%、84.53% 和 81.09%（Pb^{2+} 初始浓度分别为 10mg/L、20mg/L、30mg/L 和 40mg/L），这是因为玉米秸秆开始可以提供较多活性吸附位点，且在吸附开始阶段溶液中 Pb^{2+} 浓度与吸附剂表面浓度梯度较大，有利于质量传递，因而其吸附速率较快，可见在初始阶段吸附与固液界面的形成密切相关，以表面离子吸附为主。中期阶段是初始阶段和后期阶段的一个过渡阶段，即表现为经过不同的吸附时间以后，吸附过程遵循不同的规律。中期阶段为第 20～60min，随着吸附过程的不断进行，更多的吸附位点逐渐被占据，Pb^{2+} 从玉米秸秆表面向其内部的扩散速率减小，因而吸附速率降低，吸附量随时间缓慢增加。最后阶段发生在第 60～600min 时，吸附量几乎不随时间发生变化，即所有的吸附均在 300min 内达到吸附平衡。在吸附后期阶段，吸附与固液界面中发生的离子交换有关，以层间离子交换吸附为主。

吸附动力学是评价吸附能力的重要指标，同时也有助于解释吸附机理。本研究以准一级动力学模型、准二级动力学模型、Elovich 方程和 Weber-Morris 方程分别拟合 Pb^{2+} 在玉米秸秆上的吸附数据，所得相关参数见表 3.2，其中一级动力学和二级动力学模型拟合结果如图 3.5 所示。

表 3.2 玉米秸秆吸附 Pb^{2+} 的动力学参数

动力学模型	参　数	10mg/L	20mg/L	30mg/L	40mg/L
pseudo-first model	k_1/h^{-1}	1.5440	1.5871	1.6461	1.5452
	R^2	0.9403	0.8516	0.9533	0.9456
pseudo-second order	$k_2/g \cdot (mg \cdot h^{-1})$	0.000875	0.006403	0.000692	0.000858
	R^2	1.0000	0.9994	0.9999	0.9999
Elovich model	$a/mg \cdot g^{-1}$	0.3631	0.9302	1.2166	1.743
	$b/mg \cdot (g \cdot min^{-1})$	1.0537	0.1009	2.0044	1.7835
	R^2	0.9206	0.9889	0.9511	0.9725
Weber-Morris model	$k_t/g \cdot (mg \cdot min)^{-1/2}$	0.1599	0.4301	0.5455	0.7910
	$c/mg \cdot g^{-1}$	1.3573	0.7935	2.9809	3.1433
	R^2	0.7537	0.8927	0.8704	0.8457

由表 3.3 可知, 玉米秸秆吸附 Pb^{2+} 的过程中, 准二级动力学方程与准一级动力学方程、Elovich 方程和 Weber-Morris 方程相比拟合效果最佳, 其相关系数 (R^2) 均大于 0.99。拟二级动力学方程具有较好的拟合性, 能准确反应吸附的整个过程, 从动力学曲线和 k_2 值的变化能够看出, Pb^{2+} 的吸附分为快速反应和慢速反应, 由于 k_2 变化不明显, 其中 Pb^{2+} 初始浓度为 10mg/L、20mg/L、30mg/L 和 40mg/L 时, 玉米秸秆对 Pb^{2+} 的二级吸附速率常数 k_2 分别为 0.000875g/(mg·h)、0.006403g/(mg·h)、0.000692g/(mg·h) 和 0.000858g/(mg·h)。因此, 可以说吸附过程主要受慢反应控制, 表现为二级反应过程。从表 3.2 中可以看出, Weber-Morris 方程的扩散速率常数 k_t 分别为 0.1599g/(mg·min)$^{1/2}$、0.4301g/(mg·min)$^{1/2}$、0.5455g/(mg·min)$^{1/2}$ 和 0.7910g/(mg·min)$^{1/2}$, 扩散速率不高, 表明颗粒扩散过程对玉米秸秆对铅离子的吸附虽有较大的影响, 但并不是该过程的唯一控速步骤。

3.2.2.3 吸附剂投加量对吸附效果的影响

吸附剂投加量是一个非常重要的参数, 它决定了吸附剂对被吸附物质的吸附容量。为了确定适宜的投加量, 在 Pb^{2+} 初始浓度为

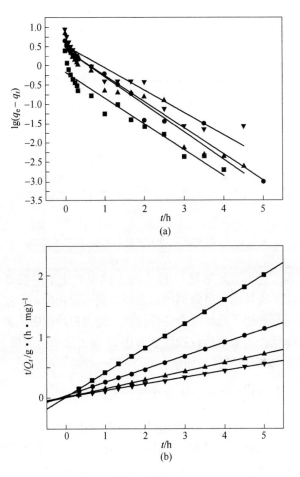

图 3.5　玉米秸秆吸附 Pb^{2+} 的吸附动力学拟合

（a）准一级动力学模型；（b）准二级动力学模型

20mg/L，温度为 298K，摇床振荡频率为 110r/min，吸附时间为 24h 的条件下，研究投加量为 0.05g、0.1g、0.15g、0.2g、0.3g、0.4g 和 0.5g 时玉米秸秆吸附性能，结果如图 3.6 所示。

　　由图 3.6 可知，随着玉米秸秆投加量的增大，对 Pb^{2+} 的去除率也随之升高，当玉米秸秆用量从 0.05g 增加至 0.2g 时，其对 Pb^{2+} 的去除率从 44.50% 增加到 90.75% 但吸附容量逐渐减小。当投加量增

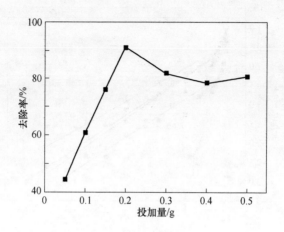

图 3.6　吸附剂用量对玉米秸秆吸附 Pb^{2+} 的影响

大到一定程度时，玉米秸秆对 Pb^{2+} 的去除率变化不再明显，而其吸附容量下降。这是因为吸附剂投加量增大到一定程度后，过量的吸附剂不能被充分利用，产生空余活性位置，使得每单位吸附剂中吸附质的量逐渐降低。当玉米秸秆投加量为 0.2g 时去除率达到最大，因此，可以确定 0.2g 即为最佳投加量。

3.2.2.4　Pb^{2+} 初始浓度对吸附效果的影响

在 Pb^{2+} 初始浓度为 0 ~ 60mg/L，吸附剂投加量为 0.2g，温度为 298K，摇床振荡频率为 110r/min，吸附时间为 24h 的条件下，研究 Pb^{2+} 初始浓度对玉米秸秆吸附性能的影响，其结果如图 3.7 和图 3.8 所示。由图 3.7 可以看出，随着溶液中 Pb^{2+} 初始浓度的增加，玉米秸秆对 Pb^{2+} 的去除率呈现先增加后减小的趋势。当溶液初始浓度为 20mg/L 时，去除率出现最大值为 90.75%；当溶液初始浓度为 60mg/L 时，其去除率降到 75.40%。由图 3.8 可以看出，随着溶液中 Pb^{2+} 初始浓度的增加，玉米秸秆对 Pb^{2+} 的吸附容量逐渐增大，属于优惠型吸附过程，这说明高浓度的溶液中分子碰撞机会增加，从而增强了吸附。扩散过程的推动力是 Pb^{2+} 的浓度差，扩散速度和扩散界面两侧离子浓度差成正比，所以溶液中的 Pb^{2+} 浓度大小是影响吸附的重要因素。

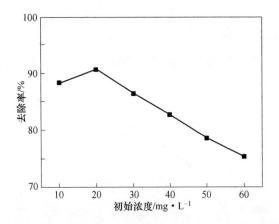

图 3.7 Pb^{2+} 初始浓度对玉米秸秆吸附 Pb^{2+} 去除率的影响

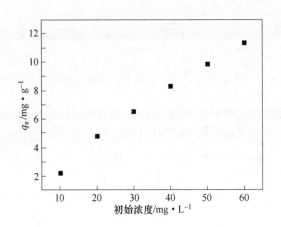

图 3.8 Pb^{2+} 初始浓度对玉米秸秆吸附容量的影响

3.2.2.5 温度对吸附效果的影响

吸附等温线的研究可以描述吸附剂与吸附质之间的相互作用,从而对吸附过程进行优化。在 Pb^{2+} 溶液初始浓度为 0 ~ 60mg/L,吸附剂投加量为 0.2g,温度为 288K、298K 和 308K,摇床振荡频率为 110r/min,吸附时间为 24h 的条件下,研究温度对玉米秸秆吸附性能的影响,结果如图 3.9 所示。由图 3.9 可以看出,温度对玉米秸秆吸附 Pb^{2+} 有显著影响，平衡吸附量随温度的升高先增大后减小。这可能是因为当温度较低时，分子热运动不剧烈，使平衡吸附量较小；当温度较高时，则平衡吸附量同样也会减小。因此，玉米秸秆对 Pb^{2+} 吸附的最佳温度为 298K。

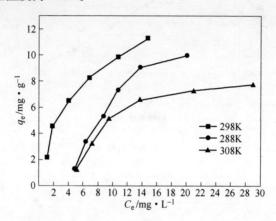

图 3.9　玉米秸秆吸附 Pb^{2+} 的吸附等温线

吸附等温线模型可以用来分析吸附反应类型，以便阐明吸附机理。为了分析玉米秸秆对 Pb^{2+} 吸附的行为，分别应用 Langmuir、Freundlich、Redlich-Peterson 和 Temkin 模型对 298K 时的吸附实验数据进行拟合，结果如图 3.10 所示，相应数据列于表 3.3。

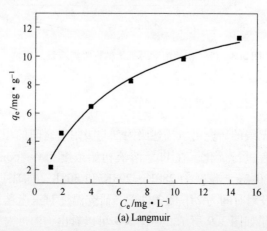

(a) Langmuir

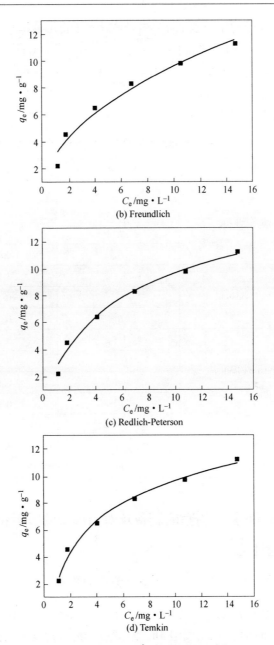

图 3.10 玉米秸秆对 Pb^{2+} 的吸附等温线拟合图

Langmuir 模型中的参数 q_{max} 粗略地反映了玉米秸秆对 Pb^{2+} 吸附能力的大小，298K 时玉米秸秆对 Pb^{2+} 的 q_{max} 为 15.0269mg/g。从表 3.3 中不同模型的相关系数 R^2 可以明显看出，Langmuir 模型对玉米秸秆吸附 Pb^{2+} 的模拟结果比 Freundlich 模型好，表明玉米秸秆对 Pb^{2+} 的吸附是以单分子层吸附为主。

表 3.3　不同热力学模型对玉米秸秆吸附 Pb^{2+} 的拟合参数

热力学模型	拟合参数	数　值
Langmuir isotherm	$k_L/L \cdot mg^{-1}$	0.03226
	$q_{max}/mg \cdot g^{-1}$	15.0269
	R^2	0.9823
	R_L	0.3406 ~ 0.7560
Freundlich isotherm	$k_F/L \cdot g^{-1}$	3.0364
	n	0.4975
	R^2	0.9638
Redlich-Peterson isotherm	$k_R/L \cdot g^{-1}$	3.2506
	$b_R/(L \cdot mg)^m$	0.3005
	m	0.8896
	R^2	0.9781
Temkin isotherm	$k_T/L \cdot mg^{-1}$	1.7799
	b_1	3.3834
	R^2	0.9898

3.3　D401-Fe 复合树脂的制备及对铅离子的吸附特性

3.3.1　实验过程

3.3.1.1　负载水合氧化铁螯合树脂的制备

（1）树脂的前处理。称取一定量 D401 树脂放入烧杯中，加入配好的 5% 的 NaOH 溶液，浸泡 4h。过滤后，把树脂放入烧杯中，加入 4% 的盐酸溶液，浸泡 4h，倒出上清液，用蒸馏水洗至上清液 pH =

7，烘干后待用。

（2）D401-Fe 复合树脂的制备。称取一定量处理好的树脂 D401，放入碘量瓶中，加入浓度为 0.2mol/L 的 $FeCl_3$ 溶液 100mL，在 298K、转速为 120r/min 的摇床中振荡一定时间。取出碘量瓶后，倒出上清液，加入 20% 的 NaOH 的盐溶液 50mL 充分混合，吸出下层液体及絮凝状沉淀。用 95% 的乙醇溶液连续洗涤 3 次后，放入烘箱中烘干 24h 待用。

3.3.1.2 吸附实验

首先配置不同浓度的含 Pb^{2+} 模拟废水进行吸附实验；将一定量吸附剂加到 50mL 含 Pb^{2+} 溶液锥形瓶中；然后将其置于振荡摇床中，以 180r/min 的振荡频率振荡至吸附平衡；取出一定量的溶液用 0.45μm 的滤膜过滤，用原子吸收检测其浓度，考察吸附剂吸附容量的影响。通过改变吸附剂投加量、Pb^{2+} 初始浓度、温度、pH 和吸附时间来研究吸附等温线、动力学和热力学。其中，实验中用 0.01mol/L HCl 和 0.02mol/L NaOH 调节溶液 pH。

3.3.2 D401-Fe 对铅的吸附性能

3.3.2.1 改性时间的影响

在 Pb^{2+} 溶液初始浓度为 100mg/L，吸附剂投加量为 0.1g、温度为 298K 下，摇床振荡频率为 180r/min，吸附时间为 24h 的条件下，研究改性时间对 D401-Fe 吸附性能的影响，结果如图 3.11 所示。从图 3.11 中可以看出，不同改性时间对 D401-Fe 树脂吸附量的影响较为显著，且改性后的吸附剂吸附容量分别高于未改性树脂吸附容量 23.50%、126.63% 和 27.78%，其中 D401-Fe-2 效果最好。一般来说，吸附时间越长，载铁量越大，可吸附铅的位点就越多。表面的铁一般都能吸附铅，但对于孔隙内的铁来说，如果树脂表面负载铁量太大，就会阻碍铅进入到树脂内部与铁结合，因此，并非改性时间长载铁量越大，铅的去除效果就越好。因此，本节以 D401-Fe-2 为吸附剂进行研究。

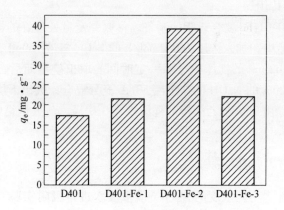

图 3.11　改性时间对 D401-Fe 吸附 Pb^{2+} 的影响

3.3.2.2　吸附剂投加量对吸附效果的影响

为了确定适宜的投加量，在 Pb^{2+} 溶液初始浓度为 25mg/L，吸附剂投加量为 0.05g、0.1g、0.15g、0.2g、0.3g、0.5g 和 0.8g，温度为 298K，摇床振荡频率为 180r/min，吸附时间为 24h 的条件下，研究吸附剂投加量对 D401-Fe-2 吸附性能的影响，结果如图 3.12 和图 3.13 所示。

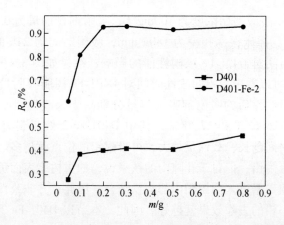

图 3.12　吸附剂投加量对 D401-Fe-2 吸附 Pb^{2+} 去除率的影响

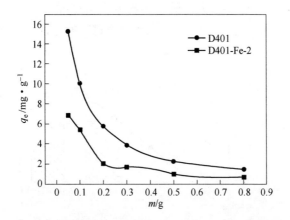

图 3.13 吸附剂投加量对 D401-Fe-2 吸附容量的影响

由图 3.12 可知，随着 D401-Fe-2 投加量的增大，对 Pb^{2+} 的去除率呈现增加的趋势，当 D401 和 D401-Fe-2 用量从 0.05g 增加至 0.2g 时，其对 Pb^{2+} 的去除率分别从 27.68% 和 61.04% 增加到 40.04% 和 92.84%；当吸附剂用量超过 0.2g 以后，其对 Pb^{2+} 的去除率影响不是十分显著，如 D401-Fe-2 投加量为 0.8g 时，与 0.2g 相比，其去除率没有变化。由图 3.13 可知，随着 D401-Fe-2 投加量的增大，对 Pb^{2+} 的吸附容量不断降低。这是因为吸附剂投加量增大到一定程度后，过量的吸附剂不能被充分利用，产生空余活性位置，使得每单位吸附剂中吸附质的量逐渐降低。当 D401-Fe-2 投加量为 0.1g 时，其去除率和吸附容量较高，因此，可以确定 0.1g 即为最佳投加量。

3.3.2.3 Pb^{2+} 初始浓度对吸附效果的影响

在 Pb^{2+} 溶液初始浓度为 0~90mg/L，吸附剂投加量为 0.1g，温度为 298K，摇床振荡频率为 180r/min，吸附时间为 24h 的条件下，研究 Pb^{2+} 溶液初始浓度对 D401-Fe-2 吸附性能的影响，结果如图 3.14 所示。由图 3.14 可以看出，随着溶液中 Pb^{2+} 初始浓度的增加，D401-Fe-2 对 Pb^{2+} 的吸附容量呈现线性增加的趋势。当溶液初始浓度为 90mg/L 时，其饱和吸附容量为 42.48mg/g。因此，D401-Fe-2 对

Pb^{2+} 的吸附容量逐渐增大，属于优惠型吸附过程，这说明高浓度的溶液中分子碰撞机会增加，从而利于吸附过程的进行。

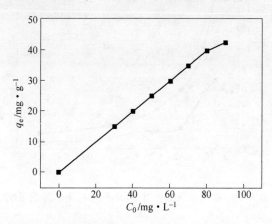

图 3.14　Pb^{2+} 初始浓度对 D401-Fe-2 吸附 Pb^{2+} 吸附容量的影响

3.3.2.4　吸附等温线

在 Pb^{2+} 溶液初始浓度为 0~90mg/L，吸附剂投加量为 0.1g，温度为 283K、298K 和 313K，摇床振荡频率为 180r/min、吸附时间为 24h 的条件下，研究温度对 D401-Fe-2 吸附性能的影响，结果如图 3.15 所示。由图 3.15 可以看出，温度对 D401-Fe-2 吸附 Pb^{2+} 有显著

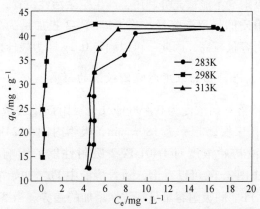

图 3.15　D401-Fe-2 吸附 Pb^{2+} 的吸附等温线

影响，平衡吸附量随温度的升高先增大后减小。这可能是因为当温度较低时，分子热运动不剧烈，使平衡吸附量较小；当温度较高时，平衡吸附量同样也会减小。因此，D401-Fe-2 对 Pb^{2+} 吸附的最佳温度为 298K。

为了分析 D401-Fe-2 对 Pb^{2+} 吸附的行为，分别应用 Langmuir 和 Freundlich 模型对不同温度时的平衡吸附数据进行拟合，结果如图 3.16 和图 3.17 所示，相应参数列于表 3.4。

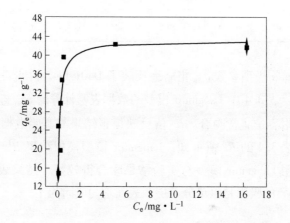

图 3.16 298K 改性 D401 对 Pb^{2+} 的 Langmuir 拟合方程

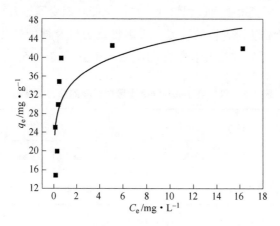

图 3.17 298K 改性 D401 对 Pb^{2+} 的 Freundlich 拟合方程

表 3.4　Pb^{2+} 在 D401-Fe-2 吸附的 Langmuir 和 Freundlich 模拟参数

Resin type	T/K	Langmuir			Freundlich		
		q_{ma} /mg·g^{-1}	b /dm^3·mg^{-1}	R^2	k /mg·g^{-1}	$1/n$	R^2
D401-Fe-2	288	36.86	1.78	0.92654	22.144	0.2342	0.93149
	298	55.617	2.89	0.93688	32.490	0.125	0.53841
	308	44.03	1.36	0.92289	21.322	0.2531	0.8203

Langmuir 模型参数 q_{max} 粗略地反映了 D401-Fe-2 树脂对铅吸附能力的大小，表 3.4 中 Langmuir 模型的数据表明计算的 q_{max} 与实验测得的饱和吸附容量非常吻合。R^2 值反映模拟结果与实验数据的偏离程度，比较表 3.4 的 R^2 值可知，Langmuir 模型模拟结果 R^2 均在 0.92 以上，表明 Langmuir 模型与实验结果吻合得较好，结果表明 D401-Fe-2 对 Pb^{2+} 的吸附是以单分子层、表面均匀吸附为主。

3.3.2.5　热力学参数

通过考察交换吸附过程焓变、自由能变和熵变等热力学参数的变化，研究吸附过程进行的程度、吸附推动力以及性能变化。根据式 2.6 ~ 式 2.8 求得的热力学参数 ΔH、ΔS 和 ΔG 见表 3.5。

表 3.5　Pb^{2+} 在 D401-Fe-2 上吸附过程的热力学参数

ΔH /kJ·mol^{-1}	ΔS/kJ·(mol·K)$^{-1}$			ΔG/kJ·mol^{-1}		
	288K	298K	308K	288K	298K	308K
56.977	0.193	0.1823	0.1824	-2.6128	-1.3807	-0.787

由表 3.5 可知，ΔH 为正值表明该吸附为吸热过程。吸附自由能

变 ΔG 是吸附驱动力的体现。表 3.5 中 ΔG 均小于零，表明吸附是自发进行的过程。吸附过程的熵变均大于零，这是因为，对于固-液交换吸附体系，在吸附交换过程中，与树脂相中功能基结合的水分子会释放到溶液相中，水分子从有序变成相对无序的状态，使体系熵增加。从上面分析可知，铅在 D401-Fe-2 上的吸附是自发的熵推动过程。

3.3.2.6　吸附动力学

在 Pb^{2+} 溶液初始浓度为 50mg/L，吸附剂投加量为 0.1g，温度为 298K，摇床振荡频率为 180r/min 的条件下，研究吸附时间对 D401-Fe-2 吸附性能的影响，结果如图 3.18 所示。由图 3.18 可知，在开始阶段 D401-Fe-2 树脂吸附 Pb^{2+} 的吸附速率较快，最大吸附量的 90% 以上是在开始 100min 内完成的，当吸附时间超过为 120min 时，D401-Fe-2 吸附容量变化不明显，表明吸附达到平衡，因此确定吸附平衡时间为 120min。从图中可以看出，随着 Pb^{2+} 初始浓度的增大，D401-Fe-2 树脂吸附量增大，且吸附速度不同。

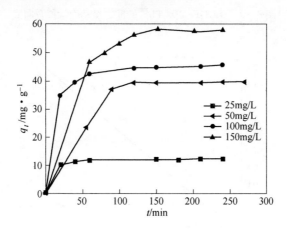

图 3.18　吸附时间对 D401-Fe-2 吸附容量的影响

从提高吸附过程效率角度来说研究吸附过程动力学是十分重要

的，现有的动力学模型较多，包括一级动力学模型、二级动力学模型等，而且不同的吸附系统遵循不同的动力学模型。本节以一级动力学模型、二级动力学模型分别拟合 Pb^{2+} 在 D401-Fe-2 树脂上的吸附动力学，确定吸附动力学模型参数，相关参数见表 3.6，其中准二级动力学模型、Boyd 液膜扩散模型和 Kannan-Sundaram 颗粒扩散模型拟合结果如图 3.19~图 3.21 所示。

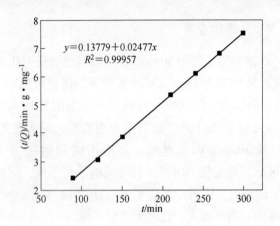

$$y = 0.13779 + 0.02477x$$
$$R^2 = 0.99957$$

图 3.19　D401-Fe-2 对 Pb^{2+} 的准二级动力学拟合曲线

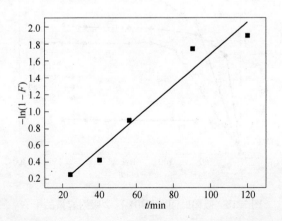

图 3.20　D401-Fe-2 吸附 Pb^{2+} 的 Boyd 拟合曲线

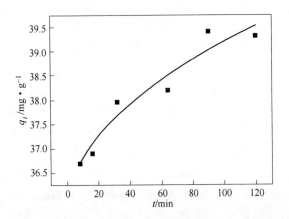

图 3.21 D401-Fe-2 吸附 Pb^{2+} 的 Kannan-Sundaram 拟合曲线

表 3.6 改性树脂对 Pb^{2+} 吸附的动力学参数

Kinetic models	Parameters	25mg/L	50mg/L	100mg/L	150mg/L
pseudo-first model	k_1/min^{-1}	0.01566	0.02757	0.01135	0.01287
	$q_e/mg \cdot g^{-1}$	1.8906	39.031	7.154	17.0032
	R^2	0.71796	0.71832	0.7885	0.71471
pseudo-second order model	$k_2/g \cdot (mg \cdot h)^{-1}$	0.25145	0.1795	0.1734	0.06996
	$q_e/mg \cdot g^{-1}$	12.528	40.3714	46.1467	60.9
	R^2	0.99969	0.99957	0.9998	0.99688
Boyd model	$k'/mg \cdot min^{-1}$	0.00777	0.01877	0.01921	0.01758
	R^2	0.82305	0.93944	0.93274	0.88576
Kannan-Sundaram model	$k_p/mg \cdot min^{-0.5}$	0.2994	0.34956	1.12802	1.75746
	R^2	0.78252	0.92293	0.79605	0.86813

由表 3.6 可知，D401-Fe-2 吸附 Pb^{2+} 的过程中，准二级动力学方程与准一级动力学方程、Boyd 液膜扩散方程和 Kannan-Sundaram 颗粒扩散方程相比拟合效果最佳，其相关系数（R^2）均大于 0.996，说明

决定吸附速率的主导过程为化学吸附过程。拟二级动力学方程具有较好的拟合性，能准确反映吸附的整个过程，准二级动力学速率常数 k_2 值随着初始浓度的增加而减小，Pb^{2+} 的吸附分为快速反应和慢速反应，吸附过程主要受慢反应控制，表现为二级反应过程。从表 3.6 中可以看出，Boyd 液膜扩散方程的速率系数分别为 0.00777mg/min、0.01877mg/min、0.01921mg/min 和 0.01758mg/min，膜扩散速率不高，表明膜扩散过程对 D401-Fe-2 对铅离子的吸附有较大的影响，但并不是该过程的唯一控速步骤。Kannan-Sundaram 颗粒扩散方程的扩散速率常数 k_1 分别为 0.2994mg/min$^{0.5}$、0.34956mg/min$^{0.5}$、1.12802mg/min$^{0.5}$ 和 1.75746mg/min$^{0.5}$，扩散速率较高，表明颗粒扩散过程对 D401-Fe-2 对铅离子的吸附影响不显著。Boyd 液膜扩散方程的相关系数大于 Kannan-Sundaram 颗粒扩散方程相关系数，说明扩散控制步骤为液膜扩散。

3.3.2.7 pH 值对吸附效果的影响

在 Pb^{2+} 溶液初始浓度为 80mg/L，吸附剂投加量为 0.1g，温度为 298K，摇床振荡频率为 180r/min、吸附平衡时间为 6h 的条件下，研究溶液初始 pH 值对 D401-Fe-2 吸附性能的影响，结果如图 3.22 所示。从图 3.22 可以看出，改性吸附剂在 pH 值为小于 5 的范围内对

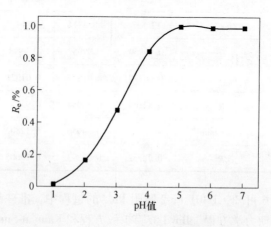

图 3.22 pH 值对 D401-Fe-2 吸附容量的影响

铅的吸附率增加显著，这是由于酸性条件下，溶液中大量的 H^+ 与 Pb^{2+} 竞争吸附位点，并使配位的 N 原子季胺化，降低了树脂对 Pb^{2+} 的螯合反应。达到 5 以后，曲线趋于平稳，根据溶度积计算得出，pH 值大于 6.35 时 80mg/L 的 Pb^{2+} 与 OH^- 结合生成沉淀，使得吸附容量变大。因此，吸附的最佳 pH 值为 5 左右。

3.3.3 小结

本研究通过对载铁螯合树脂的制备和吸附 Pb^{2+} 的性能的研究和分析，得到如下结论：

（1）总体上对于未改性吸附剂、改性一天、两天三天的吸附剂，改性两天的螯合树脂的吸附能力最好。

（2）温度影响吸附剂吸附效果。298K 下平衡吸附量最大，最大吸附量为 42.2mg/g。

（3）以 Langmuir、Freundlich 模型对改性两天树脂吸附 Pb^{2+} 进行模拟，Langmuir 模型与实验数据拟合较好。进行吸附过程热力学分析，结果表明 Pb^{2+} 在改性吸附剂上的吸附是吸热过程。

（4）铅离子在改性树脂上的吸附平衡时间为 120min；改性 D401 吸附铅过程符合二级吸附动力学方程，其中二级吸附速率常数 k_2 为 0.13799g/(mg·min)，吸附的控制步骤为化学吸附。

（5）溶液的 pH 值对吸附效果的影响较大，pH 在 5 左右时吸附效果最好。

3.4 改性豆渣的制备及对铅的吸附性能

近年来，利用廉价的非活体生物质[39]作为吸附剂处理重金属废水引起了人们的重视。目前，研究使用的非活体生物质包括稻草秸秆、锯末[40]、甘蔗渣[41]、玉米秸秆[42]、花生壳[43]、玉米芯[44]等，这些原料具有天然的交换能力和吸收特性。

现如今，豆制品的加工行业不断在壮大，豆渣作为该行业中产生的废物，产量很大，但是，豆渣极易腐烂，并且运输过程存在不便性，不但没有实现豆渣的利用价值，反而对环境造成污染[45]。所以，为了满足循环经济、充分利用资源，应该将豆渣回收并利用。因此，利用豆渣作为一种低成本、环保型生物吸附剂，对去除废水中的重金属元素具有很大的研究价值。

本节选择豆渣这种典型的非活体生物质作为吸附剂，在以往研究的基础上，通过化学试剂改性获得 NaOH 改性豆渣、乙二胺改性豆渣，考察改性豆渣对 Pb^{2+} 吸附条件、热力学、动力学的影响，对改性豆渣与未改性豆渣的吸附性能进行比较。

3.4.1　实验方法

3.4.1.1　豆渣（RBD）的预处理

豆渣在进行改性处理前用蒸馏水浸泡洗涤，以除去土壤及可溶性杂质，然后抽滤，放在真空干燥箱中，设定温度为 70℃，烘干至恒重。将其粉碎，过 100 目标准筛，备用。

3.4.1.2　改性豆渣的制备

（1）NaOH 改性豆渣（NBD）的制备。取 10g 豆渣于烧杯中，加入 200mL 0.1mol/L 的 NaOH 溶液，室温下用转子搅拌 5h，然后抽滤，滤渣用蒸馏水洗涤至中性。抽滤，55℃下烘干至恒重。将其粉碎，过 100 目标准筛，置于干燥器中备用。

（2）乙二胺改性豆渣（EBD）的制备。取 10g 豆渣于烧杯中，加入 0.2mol 乙二胺，加入少量蒸馏水，搅拌均匀，80℃水浴加热 2h。然后抽滤，滤渣用蒸馏水洗涤至中性，再抽滤，55℃下烘干至恒重，将其粉碎，过 100 目标准筛。置于干燥器中备用。

3.4.1.3　吸附实验

配置一定浓度的 Pb^{2+} 溶液，取若干 250mL 碘量瓶，各加入 50mL 溶液、0.1g 吸附剂，在一定温度及振荡速度下，吸附一定时间后，取上层清液进行过滤，滤液用原子吸收分光光度计测平衡浓度，按公式分别计算吸附量。

改变溶液 Pb^{2+} 初始浓度、温度、时间、pH 值，重复上述实验，考察吸附的最佳吸附条件。

3.4.2 改性豆腐渣对 Pb^{2+} 的吸附性能

3.4.2.1 温度对吸附过程的影响

本节研究了在不同温度（20℃、30℃、40℃、50℃、60℃）下改性豆渣对重金属 Pb^{2+} 的吸附，温度与吸附剂对 Pb^{2+} 的吸附量如图 3.23 所示。

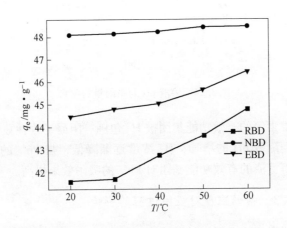

图 3.23　吸附温度与吸附量的关系

由图 3.23 可知，随着温度升高，吸附量逐渐增加，说明该吸附过程为吸热过程。温度升高分子运动速度加快，有利于 Pb^{2+} 向吸附剂的运输[46]。

3.4.2.2 pH 值对吸附过程的影响

本节研究了溶液在不同 pH 值（pH = 2、3、4、5、6、7、8）下，改性豆渣对重金属 Pb^{2+} 的吸附效果，溶液 pH 与吸附量的关系如图 3.24 所示。

由图 3.24 可知，随着 pH 值从 2.0 增加至 8.0 的范围内，吸附容量迅速增加到大约 50mg/g，达到吸附平衡。当 pH < 3 时，改性豆渣对 Pb^{2+} 的吸附量不大；当 pH > 3 时，随着 pH 值增大，吸附量越来越大。这是由于 pH 较低时，Pb^{2+} 溶液中 H^+ 浓度很大，豆渣中纤维

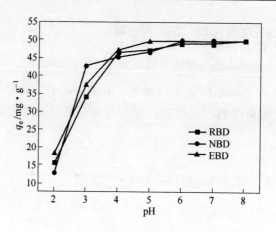

图 3.24 溶液 pH 与吸附量的关系

素、半纤维素等的有效功能集团被 H⁺ 包围，阻碍了改性豆渣对 Pb^{2+} 的吸附。而随着 pH 的增加，H⁺ 浓度逐渐降低，与 Pb^{2+} 的竞争吸附减弱，使得豆渣的有效功能基团对 Pb^{2+} 的吸附效果提高。

3.4.2.3 初始浓度对吸附过程的影响

本节研究溶液不同初始浓度条件下改性豆渣对重金属 Pb^{2+} 的吸附，溶液初始浓度与吸附量的关系如图 3.25 所示。

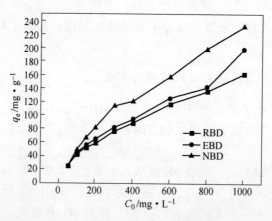

图 3.25 溶液初始浓度与吸附量的关系

由图 3.25 可知，改性后的豆渣吸附剂吸附效果明显优于未改性豆渣（RBD），在初始 Pb^{2+} 离子浓度为 1g/L 时，吸附量遵循以下顺序：NBD（261.65mg/g）> EBD（177.63mg/g）> RBD（151.88mg/g）。Pb^{2+} 很容易被改性豆渣吸附剂吸附，因为改性豆渣吸附剂与未改性豆渣相比有更大的表面积。NBD 表现出最高的吸附容量，这表明，吸附不仅取决于吸附剂的表面积，而且，还取决于吸附剂的多孔结构。

3.4.2.4 时间对吸附过程的影响

本节研究不同吸附时间下改性豆渣对重金属 Pb^{2+} 的吸附，吸附时间与吸附量的关系如图 3.26 所示。

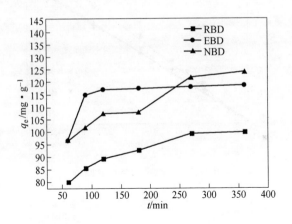

图 3.26 吸附时间与吸附量的关系

由图 3.26 可知，随着吸附时间的增加，一开始直线呈上升状态，说明随着吸附时间增加吸附量增加；270min 后趋于平缓，这是因为改性豆渣吸附剂的吸附量已经基本达到饱和状态，不再大量吸附多余重金属 Pb^{2+} 离子。

3.4.2.5 吸附动力学研究

配制 500mg/L 的 Pb^{2+} 溶液，取若干 250mL 的碘量瓶，分别加入

500mg/L 的 Pb^{2+} 溶液各 50mL，各加入 0.1g 改性豆渣，控制温度为 35℃，一定的转速下在水浴恒温震荡床上进行吸附，每隔一段时间分别取上层清液进行过滤，测剩余浓度，计算其吸附量。考察不同吸附时间对 Pb^{2+} 浓度的影响。

通过该实验可以得到 Pb^{2+} 的平衡吸附量和不同时刻的吸附量，就可以计算出不同时刻 t 对应的 q_t 的值，得到一系列相关的数据点。对这些点进行一级动力学拟合和二级动力学拟合，得到图 3.27 和图 3.28。

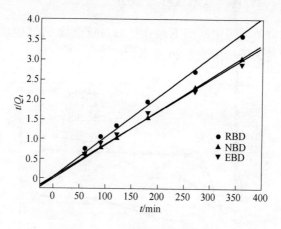

图 3.27　一级动力学拟合曲线

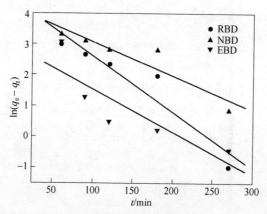

图 3.28　二级动力学拟合曲线

对一级动力学和二级动力学进行拟合，由图 3.27 得一级动力学拟合直线方程相关系数 R_1^2、速率常数 k_1；由图 3.28 得二级动力学拟合直线方程相关系数 R_2^2、速率常数 k_1。拟合结果见表 3.7。

表 3.7　吸附模型的拟合结果

模型	实测	一级动力学			二级动力学		
常数	q_{e1max}	q_{e1max}	k_1	R_1^2	q_{e2max}	k_2	R_2^2
NBD	118.65	18.958	0.010369	0.85948	117.786	-0.0190	0.99901
EBD	124.025	63.970	0.01100	0.92991	121.655	0.00166	0.99609
RBD	99.925	82.727	0.01818	0.94671	99.108	0.00282	0.99787

由表中数据可知，拟合的相关系数 $R_1^2 < R_2^2$，说明该复合吸附剂的吸附过程遵循二级动力学方程，为物理化学吸附行为。

3.4.2.6　吸附剂的等温吸附研究

分别配制 50mg/L、100mg/L、150mg/L、200mg/L、300mg/L、400mg/L、600mg/L、800mg/L、1000mg/L 的 Pb^{2+} 溶液，各加 50mL 于 250mL 碘量瓶中，各加入 0.1g 改性豆渣。分别在 25℃、35℃、45℃下吸附 1h。取上层清液过滤，用火焰原子吸收分光光度计测剩余浓度，得到改性豆渣对 Pb^{2+} 的吸附平衡等温线，用 Langmuir 和 Freundlich 等温方程进行模拟。拟合结果列于表 3.8 中。

表 3.8　Langmuir and Freundlich 方程拟合参数

模型		Langmuir			Freundlich		
		q_{e1max} /mg·g^{-1}	b	R_2	k_F	n	R^2
	NBD	261.65	19.2875	0.80085	264.54191	3.9323	0.95887
25℃	EBD	177.625	13.9645	0.79514	186.94362	2.3667	0.90265
	RBD	151.875	6.83669	0.85062	164.51593	2.53155	0.93314

续表 3.8

模型		Langmuir			Freundlich		
		q_{e1max}/mg · g^{-1}	b	R_2	k_F	n	R^2
35℃	NBD	231.9	23.36551	0.79478	262.98764	2.99042	0.93594
	EBD	198	14.64481	0.82253	214.8713	2.19267	0.90418
	RBD	162.075	7.40997	0.87034	182.16237	2.3376	0.94357
45℃	NBD	262.8	44.64891	0.81702	279.26033	3.65183	0.88817
	EBD	213.225	15.90398	0.83909	237.73914	2.18794	0.90883
	RBD	185.225	8.20899	0.85867	207.21444	2.28157	0.93605

　　由表 3.8 中数据可知,改性豆渣吸附剂最大吸附量较未改性豆渣吸附剂有很大提高,Freundlich 方程的相关系数 R^2 比 Langmuir 方程的相关系数 R^2 更接近 1,说明该吸附过程吸附等温线更符合 Freundlich 方程,为多层吸附过程。

3.4.2.7　吸附热力学研究

　　在本实验条件下,恒温摇床在三个温度(25℃、35℃、45℃)下振荡吸附 1h,测定不同浓度时 Pb^{2+} 在改性豆渣的平衡吸附量,对吸附热力学进行分析。

　　由 ln$K$ 和 1/T 作图,如图 3.29 所示,ΔS、ΔH 由 ln$K$ 和 1/T 作图的截距与斜率求得,计算结果列于表 3.9 中。

表 3.9　热力学模拟拟合数据

吸附剂	ΔG/kJ · mol^{-1}			ΔH/kJ · mol^{-1}	ΔS/kJ · (mol · K)$^{-1}$
	298K	308K	318K		
NBD	-7.335	-8.073	-0.100	-0.033	0.134
EBD	-6.535	-6.876	-7.317	-5.107	0.039
RBD	-4.765	-5.131	-5.568	-7.195	0.040

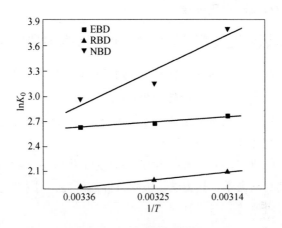

图 3.29 吸附焓变图

吸附吉布斯自由能 ΔG 是吸附驱动力和吸附优惠性的体现，ΔG 为负值说明该吸附过程的自发性；熵值为正，说明过程紊乱程度增强，吸附为熵增过程。

3.4.3 小结

本实验对 NaOH 改性豆渣、乙二胺改性豆渣的吸附性能、热力学以及动力学进行了研究，结论如下：

（1）通过对不同方法改性豆渣吸附剂进行对比，得出改性效果：NaOH 改性豆渣 > 乙二胺改性豆渣 > 未改性豆渣。

（2）通过对改性豆渣吸附性能的研究得出，随着温度升高吸附量增加，该吸附过程为吸热过程；该吸附过程的最佳 pH 为 6；溶液初始浓度越大，吸附量越大；吸附过程在 4.5h 时达到平衡。

（3）通过对改性豆渣吸附 Pb^{2+} 进行一级动力学和二级动力学拟合，结果表明该吸附过程更符合二级动力学方程，该过程为物理化学吸附。

（4）通过对改性豆渣吸附剂进行等温吸附实验，吸附过程的等温线更符合 Freundlich 方程。

（5）对改性豆渣吸附剂吸附实验进行热力学研究，结果表明该吸附过程为自发的吸热过程。

3.5　环氧氯丙烷改性豆渣(CBD)的制备及对铅的吸附性能

当今，被广泛使用的具有天然吸附特性和交换能力的非活体生物质有豆渣、玉米芯、玉米秸秆、小麦秸秆、橘子皮等[47~49]。本节选择改性豆渣作为吸附剂对废水中重金属 Pb^{2+} 的吸附效果。该工艺成本低，且具有环保、资源循环利用。

在已有的研究内容上通过化学试剂改性获得环氧氯丙烷改性豆渣，根据其对动力学、热力学、吸附条件的研究，对未改性豆渣与改性豆渣进行对比。

3.5.1　实验方法

3.5.1.1　豆渣的预处理

将豆渣放在蒸馏水中浸泡若干遍，以去除土壤中的可溶性杂质。抽滤后放在温度为 70℃ 的真空干燥箱中烘干至恒重。用多功能粉碎机将其粉碎后用 100 目筛过滤备用。

3.5.1.2　改性豆渣的制备

环氧氯丙烷改性豆渣的制备：取 10g 豆渣于烧杯中，加入 1.25mol/L 的 NaOH 溶液 45mL，再加入环氧氯丙烷 25mL，40℃ 下搅拌 30min。抽滤后，滤渣用蒸馏水洗涤至中性，抽滤，55℃ 下烘干至恒重，将其粉碎，过 100 目标准筛，置于干燥器中备用。

3.5.1.3　吸附实验

配置一定浓度的 Pb^{2+} 溶液，取数个 250mL 碘量瓶，各加入 0.1g 吸附剂、50mL 溶液，在 20℃、转速为 150r/min 振荡速度下，吸附 1h 后，取上层清液进行过滤，滤液用原子吸收分光光度计测平衡浓度，分别计算吸附量。改变溶液 Pb^{2+} 浓度、pH 值、初始温度、时间，重复上述实验步骤，研究最佳的吸附条件。

3.5.2 环氧氯丙烷改性豆渣对 Pb^{2+} 的吸附性能

3.5.2.1 温度对吸附效果的影响

在 Pb^{2+} 溶液浓度为 100mg/L，吸附时间为 1h 和吸附剂投加量为 0.1g 的条件下，研究了在 20℃、30℃、40℃、50℃、60℃下改性豆渣对重金属 Pb^{2+} 的吸附效果，温度对吸附量影响如图 3.30 所示。

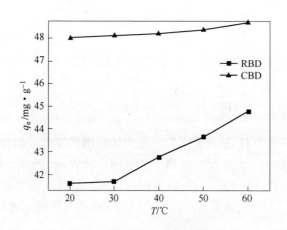

图 3.30　吸附温度对吸附量的影响

由图 3.30 可知，在 20~60℃范围内温度越高吸附量越大，说明这是一个吸热过程。温度升高分子运动加快，更利于 Pb^{2+} 向吸附剂的运输[50]。

3.5.2.2 pH 值对吸附效果的影响

固定 Pb^{2+} 溶液浓度 100mg/L，吸附时间 1h，吸附温度 25℃，吸附剂投入量 0.1g，实验研究了溶液在 pH = 2、3、4、5、6、7、8 下，改性豆渣对重金属 Pb^{2+} 的吸附效果，溶液 pH 值对吸附量的影响如图 3.31 所示。

由图可知，pH 值在 2.0~8.0 的范围内，吸附容量最大可达到约 50mg/g，此时趋于吸附平衡。在溶液 pH 较小时，改性豆渣对 Pb^{2+} 的吸附量不大；随着 pH 值逐渐增大，吸附量越来越大。原因是 pH 值

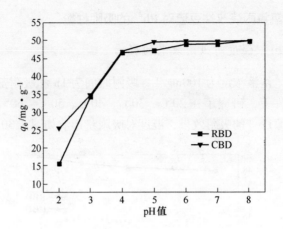

图 3.31　溶液 pH 对吸附量的影响

较低时，溶液中 H^+ 浓度较大，豆渣中的纤维素等有效的功能集团被 H^+ 包围，影响了改性豆渣对 Pb^{2+} 的吸附。随着 pH 的逐渐增大，H^+ 浓度逐渐降低，与 Pb^{2+} 的竞争也相对减弱，使得豆渣中的有效功能基团对 Pb^{2+} 的吸附效果有所提高，所以其吸附量也随之增加。

3.5.2.3　初始浓度对吸附效果的影响

在吸附剂投入量 0.1g，吸附时间 1h，吸附温度 25℃，pH 值为 5 的条件下，实验研究了溶液在不同初始浓度条件下改性豆渣对重金属 Pb^{2+} 吸附效果的影响，溶液初始浓度对吸附量的影响如图 3.32 所示。

由图可知，改性后的豆渣吸附剂吸附效果较好，在初始 Pb^{2+} 离子浓度在 1000mg/L 范围内，改性豆渣吸附剂可吸附较多的 Pb^{2+} 离子，这是由于改性豆渣吸附有着较大的表面积。这一研究表明，吸附效果与吸附剂的表面积有关。

3.5.2.4　吸附动力学的研究

配制 500mg/L 的 Pb^{2+} 溶液，取数个 250mL 的碘量瓶；加入 50mL 配置好的 Pb^{2+} 溶液，再各加入 0.1g 改性豆渣，温度控制为 35℃，pH 为 5，150r/min 转速下在水浴恒温振荡床上进行吸附，固定时间区间

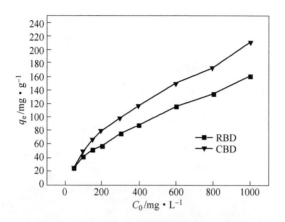

图 3.32　溶液初始浓度对吸附量的影响

内取上层清液过滤,并测剩余溶液的浓度,计算吸附剂的吸附量,吸附时间对吸附量的影响如图 3.33 所示。

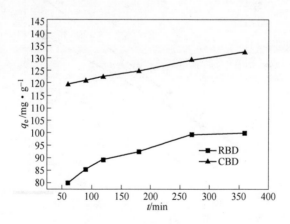

图 3.33　吸附时间对吸附量的影响

由图 3.33 可知,刚开始随着吸附时间的增加,吸附量明显增大,一段时间后趋于稳定,这是因为改性豆渣吸附剂的吸附量已趋于饱和,不再吸附更多的 Pb^{2+}。对图 3.33 进行一级动力学与二级动力学拟合,结果如图 3.34 与图 3.35 所示。

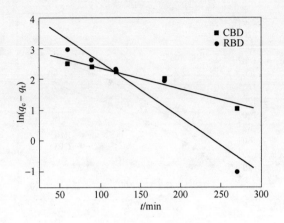

图 3.34　一级动力学拟合曲线

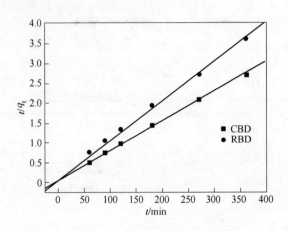

图 3.35　二级动力学拟合曲线

根据图 3.34 可得出一级动力学拟合直线方程的速率常数 k_1 和相关系数 R_1^2；根据图 3.35 可得出二级动力学拟合直线方程速率常数 k_1 和相关系数 R_2^2。拟合结果见表 3.10。

由表 3.10 可以看出，相关系数 $R_1^2 < R_2^2$，表明该吸附过程遵循二级动力学方程，是物理化学吸附行为。

表 3.10　动力学模型拟合数据

吸附剂	实测	一级动力学			二级动力学		
	q_{e1max}	q_{e1max}	k_1	R_1^2	q_{e2max}	k_2	R_2^2
RBD	99.925	82.727	0.01818	0.94671	99.108	0.00282	0.99787
CBD	132.35	21.636	0.00691	0.97453	131.579	0.00202	0.99947

3.5.2.5　吸附剂的等温吸附研究

配制溶液浓度分别为 50mg/L、100mg/L、150mg/L、200mg/L、300mg/L、400mg/L、600mg/L、800mg/L 的 Pb(Ⅱ) 溶液，各取 50mL 加于 250mL 碘量瓶中，再加入 0.1g 改性豆渣。分别在 25℃、35℃、45℃下吸附，吸附时长为 1h。吸附后取上层清液进行过滤，然后用原子吸收分光光度计测量溶液的浓度，从而得到改性豆渣对 Pb^{2+} 的吸附平衡等温线。用 Langmuir 和 Freundlich 等温方程进行模拟，相关参数见表 3.11。

表 3.11　Langmuir 和 Freundlich 方程拟合参数

温度	吸附剂	Langmuir 方程参数			Freundlich 方程参数		
		q_{max} /mg·g^{-1}	b	R^2	k_F	n	R^2
25℃	RBD	151.875	6.83669	0.85062	164.51593	2.53155	0.93314
	CBD	183.95	13.63308	0.75928	188.17303	3.56427	0.9155
35℃	RBD	162.075	7.40997	0.87034	182.16237	2.3376	0.94357
	CBD	212.525	24.31517	0.76154	229.93056	3.1549	0.93349
45℃	RBD	185.225	8.20899	0.85867	207.21444	2.28157	0.93605
	CBD	227.35	27.19053	0.77129	257.00541	3.1867	0.93249

从表 3.11 可以看出，改性豆渣吸附剂吸附效果较好，Freundlich

方程的相关系数 R^2 趋近于 1，说明该吸附过程吸附等温线较符合 Freundlich 方程，是多层吸附过程。

3.5.2.6　吸附热力学的研究

分别在 25℃、35℃、45℃恒温摇床下振荡吸附 1h，测定改性豆渣吸附剂对不同浓度 Pb^{2+} 平衡吸附量，用热力学公式进行分析。

根据 lnK 和 $1/T$ 的公式求得 ΔS、ΔH 的截距与斜率，计算结果列于表 3.12 中。

表 3.12　吸附过程热力学参数

吸附剂	$\Delta G/J \cdot mol^{-1}$			$\Delta H/J \cdot mol^{-1}$	ΔS /$J \cdot (mol \cdot K)^{-1}$
	298K	308K	318K		
RBD	-4765.034	-5131.1583	-5568.54	-7195.7893	40.09368
CBD	-6475.915	-8175.4677	-8736.42	27395.8654	114.2554

ΔG 是吸附优惠性与驱动力的体现，其为负值时说明该吸附过程为自发过程；熵值为正，其过程的紊乱程度增强，吸附过程为熵增过程。

3.5.3　小结

该节通过对环氧氯丙烷改性豆渣吸附剂吸附性能、动力学、热力学进行研究，得出如下结论：

（1）用环氧氯丙烷改性的豆渣吸附剂吸附性能明显高于未改性的豆渣吸附剂。

（2）对其吸附效果的研究得出；温度升高吸附量相应增加，证明该过程为吸热过程；该吸附过程的最佳 pH 值处于 5～6 之间；溶液初始浓度升大，吸附量相应增大；吸附过程在 5.5h 趋于平衡。

（3）对改性豆渣吸附剂吸附 Pb^{2+} 进行一级和二级动力学拟合，表明该吸附过程更符合二级动力学方程，该过程为物理化学吸附过程。

（4）对改性豆渣吸附剂进行等温吸附实验，吸附过程的等温线更符合 Freundlich 方程。

（5）对吸附实验进行热力学研究，表明该吸附过程为自发熵增过程。

3.6 沸石负载淀粉(ZLS)的制备及对 Pb^{2+}、Cu^{2+}、Ni^{2+} 的吸附性能

沸石具有吸附性、离子交换性、催化和耐酸耐热等性能，且价格廉价，因此被广泛用于吸附剂、离子交换剂和催化剂，也可用于气体的干燥、净化和污水处理等方面[51~53]。但是天然沸石的孔内含有大量的杂质和水分，大大降低了其吸附效果。淀粉分子中含有大量的活性羟基，因此可以用来吸附重金属[54,55]，但由于分子间和分子内氢键的作用以及机械强度、热稳定性低限制了其广泛应用。本节通过酸化、焙烧沸石来疏通沸石孔道，提高其比表面积，从而提高其吸附性能，并将淀粉负载在沸石无机材料上制得一种复合型吸附剂 ZLS，考察其对重金属 Pb^{2+}、Cu^{2+}、Ni^{2+} 的吸附性能。

3.6.1 实验方法

3.6.1.1 沸石的预处理

用一定浓度的 HNO_3 溶液酸化处理沸石 8h，然后用蒸馏水洗净，置于马弗炉中，在高温下焙烧 2h，然后放入干燥器中备用。

3.6.1.2 沸石负载淀粉复合型吸附剂的制备

取一定质量的淀粉放于烧杯中，加入适量的蒸馏水摇匀，加热至 80℃，使其糊化，缓慢加入沸石，用微波振荡器振荡 2h，离心分离，洗涤，抽滤后样品于 50℃ 真空干燥至恒重，得到沸石/淀粉复合型吸附剂 ZLS。

3.6.1.3 吸附实验

取一定质量的 ZLS 置于锥形瓶中，加入不同浓度重金属离子溶液 100mL，在一定条件下置于恒温摇床振荡 24h，转速 150r/min。然

后取上层清液，用原子吸收分光光度计分析重金属离子的浓度，分别用公式计算吸附率和吸附量。

3.6.2　沸石负载淀粉对 Pb^{2+} 的吸附性能

3.6.2.1　制备条件对吸附剂的影响

A　HNO_3 质量浓度的影响

焙烧温度为 350℃，将不同 HNO_3 质量浓度改性的沸石置于浓度为 0.1g/L 的重金属离子溶液中，吸附 24h 后，测其吸光度，计算其吸附率，结果如图 3.36 所示。

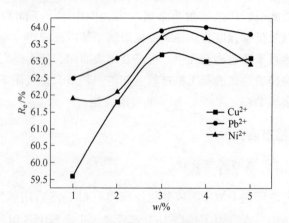

图 3.36　硝酸浓度对 ZLS 吸附率的影响

(50mL C_0 为 0.1mg/L 的离子溶液，吸附剂质量为 50mg)

由图 3.36 可知，随着 HNO_3 浓度的增大，复合型吸附剂对离子的吸附率随之增大，这是因为 HNO_3 的浓度越高，对沸石中的杂质和水分去除效果越好，沸石吸附比表面积越高，从而增强了对重金属离子的吸附效果。当浓度大于 3% 时，吸附率没有上升，Ni^{2+} 反而降低。这可能是因为 HNO_3 浓度过大，H^+ 会与被吸附离子发生离子交换，从而降低了被吸附离子的吸附率。同时由图可发现复合吸附剂对三种离子的吸附率按 Pb^{2+}、Ni^{2+}、Cu^{2+} 的顺序降低，与三种离子的离子半径成正比。这是因为重金属离子的电负性越强越容易被吸附剂的活性基团吸附，在三种离子中，Pb^{2+} 电负性最强，因而 Pb^{2+} 吸附率最大[56]。

B　沸石焙烧温度的影响

本节探究了 HNO$_3$ 质量浓度为 3% 时，不同焙烧温度对复合型吸附剂吸附性能的影响，如图 3.37 所示。

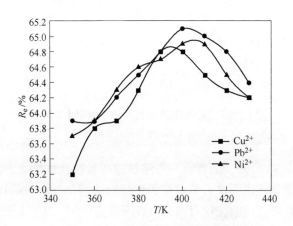

图 3.37　焙烧温度对 ZLS 吸附率的影响
（50mL C_0 为 0.1mg/L 的离子溶液，吸附剂质量为 50mg）

由图 3.37 可知，在 350～440℃ 的温度区间内随着温度的不断升高，焙烧后的沸石制得的吸附剂的吸附效果是先增大后减小。在 400℃ 时焙烧后的沸石制得的吸附剂效果达到最大，之后随着焙烧温度的升高吸附率逐渐下降。这是因为在低于 400℃ 区间，随着焙烧温度升高可以有效去除沸石中的有机物杂质和水分，提高对重金属的吸附性能；但温度高于 400℃ 后，随着温度的升高，会破坏沸石的部分空间结构，从而影响吸附效果。且温度越高，破坏越严重，因此最佳焙烧温度设为 400℃。

C　沸石与淀粉质量比的影响

本节探究了 HNO$_3$ 质量浓度为 3%，焙烧温度为 400℃ 时，不同沸石与淀粉质量比对复合型吸附剂吸附性能的影响，不同质量比制备的复合型吸附剂对不同离子的吸附率如图 3.38 所示。

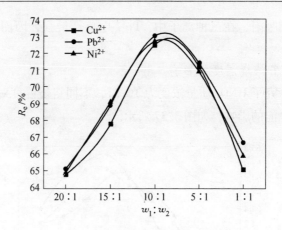

图 3.38　沸石-淀粉质量比对 ZLS 吸附率的影响

(50mL C_0 为 0.1mg/L 的离子溶液, 吸附剂质量为 50mg)

　　由图 3.38 可知, 随着沸石与淀粉的质量配比的增大, 溶液的离子吸附率增加, 说明沸石负载淀粉后吸附率增加, 淀粉的比例越大, 吸附效果越好, 说明淀粉对沸石的吸附有正作用, 当其配比为 10 : 1 时, 吸附率达到最大值。但当配比大于 10 : 1 后, 随着比值的增大, 即淀粉含量过大, 可能会堵塞沸石的部分孔道, 因而吸附率反而大大降低。因此最佳沸石与淀粉的质量配比为 10 : 1。

3.6.2.2　吸附条件的影响因素

A　吸附温度对吸附率的影响

　　本节探究了在其他吸附条件不变的情况下只改变吸附温度, 复合型吸附剂对重金属离子吸附性能的影响。不同吸附温度下, 复合型吸附剂对不同离子的吸附率如图 3.39 所示。

　　由图 3.39 可知, 随着温度的升高, 离子的吸附率逐渐增加, 当温度为 30℃ 时, 各离子的吸附率均达到最大值, Pb^{2+} 最高, 为 77.8%; Ni^{2+} 次之, 为 76.9%; Cu^{2+} 最低, 为 76.5%。当温度大于 30℃ 时, 吸附率有所降低。这是因为温度对吸附速率和平衡有一定影响, 随着温度的升高, 吸附效果提高。但吸附是一个放热可逆过程, 当温度过高时, 有利于解吸过程的进行。所以吸附温度不宜过高, 在

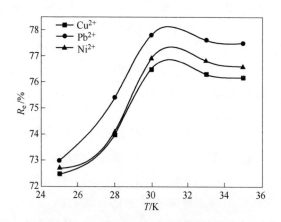

图 3.39　吸附温度对 ZLS 吸附率的影响

(50mL C_0 为 0.1mg/L 的离子溶液，吸附剂质量为 50mg)

30℃时最佳。

B　溶液 pH 值对吸附率的影响

本节探究了在吸附温度为 30℃时，只改变溶液的 pH 值，其他吸附条件不变，复合型吸附剂对重金属离子吸附性能的影响。不同溶液 pH 值时，复合型吸附剂对不同离子的吸附率如图 3.40 所示。

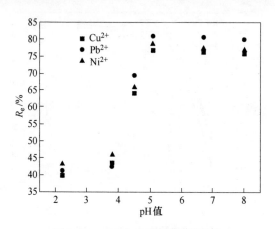

图 3.40　pH 对 ZLS 吸附率的影响

(50mL C_0 为 0.1mg/L 的离子溶液，吸附剂质量为 50mg)

由图 3.40 可知，当 pH 值小于 4 时，离子吸附率比较低，为40% 左右；随后，吸附率随着 pH 值的增大而增加。在 pH = 5.1 时，达到最大值为 80% 左右；pH 值大于 7 时，吸附率有所下降。说明在酸性较强的情况下，复合吸附剂的吸附活性点被 H^+ 所占据，与重金属形成竞争吸附，随着 pH 的增加，溶液中 H^+ 逐渐下降，与重金属的竞争能力逐渐减弱，从而促进了复合吸附剂对重金属离子的吸附。当 pH 超过 7 以后，吸附率有下降的趋势，这是由于在碱性条件下，重金属离子与 OH^- 开始产生沉淀，而降低溶液的离子浓度，并非全是吸附剂的作用。所以最佳的吸附条件是弱酸性，即 pH 值在 5~6 之间。

C　溶液初始质量浓度对去除率的影响

本节探究了在吸附温度为 30℃，溶液的 pH 值在 5 左右时，只改变溶液初始质量浓度，其他吸附条件不变，复合型吸附剂对重金属离子吸附性能的影响。不同溶液初始质量浓度时，复合型吸附剂对不同离子的吸附量如图 3.41 所示。

由图 3.41 可以看出，随着初始浓度的增加，单位吸附剂的吸附量是先增加后趋于平缓。这是因为此时复合型吸附剂的吸附量基本上已经达到了吸附饱和状态。对多余的重金属离子已无明显的吸附能力。

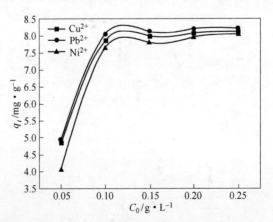

图 3.41　初始浓度对吸附容量的影响

(30℃，pH = 5，吸附剂质量为 50mg)

3.6.2.3　复合型吸附剂与沸石、淀粉的吸附性能对比

本节探究了在吸附条件完全相同的情况下，复合型吸附剂与沸石、淀粉对 Cu^{2+}、Pb^{2+}、Ni^{2+} 三种离子吸附性能影响的对比，不同吸附剂对 Cu^{2+}、Pb^{2+}、Ni^{2+} 三种离子的吸附率见表 3.13。

表 3.13　不同吸附剂对 Cu^{2+}、Pb^{2+}、Ni^{2+} 三种离子的吸附率

离子	沸石负载淀粉	沸石	淀粉
Pb^{2+}	81.2	60.7	54.4
Ni^{2+}	78.8	59.3	55.1
Cu^{2+}	76.4	58.1	54.7

由表 3.13 可知，复合吸附剂对三种离子的吸附率明显高于沸石和淀粉，说明复合吸附剂的吸附效果明显优于沸石和淀粉。沸石对重金属离子的吸附率高于淀粉，说明沸石对重金属离子吸附性能高于淀粉，也说明了复合型吸附剂中起主要吸附作用的是沸石。

3.6.2.4　复合型吸附剂的吸附动力学研究

A　吸附率与吸附时间的关系

本节探究了在吸附温度为 30℃，溶液的 pH 值为 5，溶液初始质量浓度为 0.1g/L 时，复合型吸附剂对重金属离子的吸附率随时间的变化规律。不同吸附时间，复合型吸附剂对不同离子的吸附容量如图 3.42 所示。

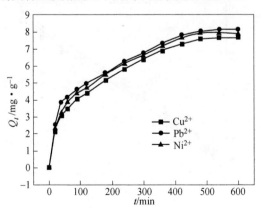

图 3.42　吸附时间对 ZLS 吸附效果的影响

（吸附剂质量 50mg，溶液量 50mL）

由图 3.42 可以看出，在吸附开始 1h 内，复合型吸附剂的吸附速率比较大，吸附率可以达到 40% 左右，接近最大吸附率的 50%。随后吸附速率开始减慢，在 8h 左右，基本达到吸附平衡。

B　Lagergren 准一级反应模型和准二级反应模型

对图 3.42 分别用 Lagergren 准一级反应模型和准二级反应模型进行[57~59]模拟，结果如图 3.43、图 3.44 所示。

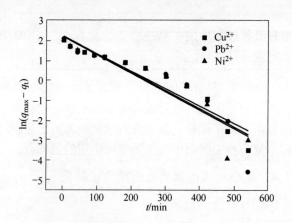

图 3.43　吸附数据及准一级吸附速率模拟图

(吸附剂质量 50mg，溶液量 50mL)

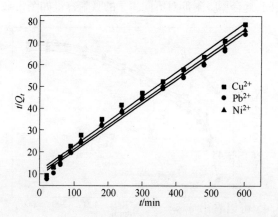

图 3.44　吸附数据及准二级吸附速率模拟图

(吸附剂质量 50mg，溶液量 50mL)

沸石/淀粉复合型吸附剂对三种重金属的吸附动力学更符合 La-gergren 二级方程，其拟合相关系数 R^2 均大于 0.98，吸附过程为物理扩散吸附与化学吸附并存。

C 颗粒内扩散方程

溶液中的吸附是一个复杂的过程，吸附质从液相中被吸附到吸附剂颗粒中，可以分为外扩散、吸附剂颗粒内扩散和吸附剂内的吸附反应等过程。然而，一级、二级模型均不能解释扩散机理，通常用颗粒内扩散模型对吸附过程中的扩散现象进行解释[60]。该模型通常适用于完全混合溶液，最适合用来描述物质在颗粒内部扩散的过程。其方程形式如下：

$$q_t = k_{id} t^{1/2} + C$$

式中，q_t 为 t 时刻的吸附量，mg/g；k 为颗粒内扩散系数，描述吸附和解析中分子的扩散转运机制。对颗粒内扩散进行拟合，结果如图 3.45 所示。

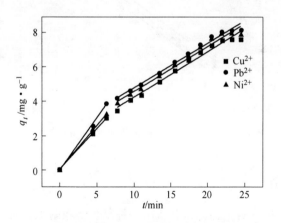

图 3.45 吸附数据与颗粒内扩散模型拟合图
（吸附剂质量 50mg，溶液量 50mL）

从图 3.45 可以看出 q_t 对 $t^{1/2}$ 曲线有不同的线性阶段，拟合相关系数 R^2 均大于 0.99，第一阶段是外表面吸附速率常数 k_{pl} 较大；在进行较快的外表面吸附阶段后，外表面吸附达到饱和后，金属离子通过粒子间扩散进入吸附剂颗粒内部进行内表面吸附[61]，即吸附速率常数 k_{p1} 较小的第二阶段平衡吸附。

D　Elovich 方程

Elovich 方程[62] 为经验式，描述包括一系列反应机制的过程，非常适用于活化能变化较大的过程，另外，此方程还能揭示其他动力学方程所忽略的数据的不规则性。经验表明，Elovich 方程适于描述包括一系列反应机制的过程，包括表面络合交换、静电吸附、表面扩散和内部微孔扩散等多个过程。模拟结果如图 3.46 所示，相应数据见表 3.14。

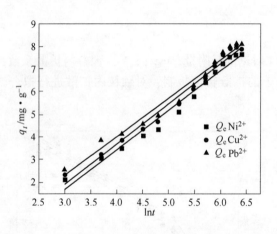

图 3.46　Elovich 模拟图

3.6.3　小结

本节采用沸石负载淀粉制备出一种复合型吸附剂，研究了该吸附剂对 Pb^{2+}、Ni^{2+}、Cu^{2+} 吸附性能。

（1）确定了复合型吸附剂的最佳制备条件。HNO_3 浓度为 3%，焙烧温度为 400℃，沸石与淀粉质量比为 10∶1。

（2）确定了复合型吸附剂的最佳吸附条件。HNO_3 浓度为 3%，焙烧温度为 400℃，沸石与淀粉质量比为 10∶1，Pb^{2+}、Ni^{2+}、Cu^{2+}

表3.14　动力学模型拟合数据

模型	一级动力学			二级动力学			Elovich方程			颗粒内扩散模型			
常数	q_{e1max}	k_1	R_1^2	q_{e2max}	k_2	R_2^2	k	a	R^2	k_1	R_1^2	k_2	R_2^2
Pb^{2+}	9.31	0.00929	0.85674	9.15	0.10929	0.98817	1.74977	-3.56317	0.97337	0.4846	0.99915	0.28298	0.9905
Cu^{2+}	8.95	0.00872	0.90299	8.87	0.11272	0.98867	1.69279	-2.7643	0.9707	0.60203	0.99567	0.99567	0.99345
Ni^{2+}	9.59	0.00924	0.83593	9.1	0.10987	0.98954	1.77989	-3.41753	0.97712	0.51261	0.99952	0.28112	0.99162

的吸附率都达到最大值，分别依次为 80.5%、78.6%、76.4%，吸附容量依次为 8.05mg/g、7.86mg/g、7.64mg/g。

（3）吸附过程遵循颗粒内部扩散模型，其拟合相关系数 R^2 均大于 0.99。

3.7　不同吸附剂吸附铅的比较

不同吸附材料对铅离子的吸附能力的比较见表 3.15。

表 3.15　不同吸附材料对铅离子的吸附能力的比较

吸　附　材　料	Q_{max} /mg·g^{-1}	pH	t/℃	Pb(Ⅱ) /mg·L^{-1}	文献
改性橘子皮	127.7	5.5	30	10~100	[62]
金针菇废弃物	13.6	5.0~7.0	25	10~100	[63]
芫荽	22.7	5.5	35	10~110	[64]
沙柳活性炭纤维改性	15.3	5.64		5~50	[65]
油菜秸秆生物炭	265.0	5.5	25	100~1000	[66]
芦苇生物炭	25.0	5.5	40	5~60	[67]
蔬菜废弃物基生物炭（芹菜）	240.5	5.0	45	100~400	[68]
山竹壳活性炭（SZAC5）	107.07	9.0		5~100	[69]
四氧化三铁-蛭石复合材料	128.0	5.5	30	20~300	[70]
组配固化剂	151.5	3.0~6.0	50	50~200	[71]
纳米二氧化锆	17.8	4.5	40	7~10	[72]
Fe$_3$O$_4$@NH$_2$-MIl-53（Al）	62.8	6.0	0	10	[73]
PVA/tetra-ZnO 复合凝胶	116.3	4.0	25	50~500	[74]
玉米衣模板生物遗态 ZnO	49.9	7.0	45	50	[75]
MWCNT-HAP	716.1	5.5	20	100~200	[76]
MCH	21.8		25	50~250	[77]
AEPS	204.1	8.0	35	2~20	[78]

续表3.15

吸 附 材 料	Q_{max} /mg·g^{-1}	pH	t/℃	Pb(Ⅱ) /mg·L^{-1}	文献
煅烧活化贝壳粉（芒果螺壳）	18.9	7.0	30	5~200	[79]
植酸掺杂聚苯胺	121.2	5.0			[80]
纤维素/氧化石墨烯复合材料	203.93	8.0	30	50~200	[81]
玉米秸秆	15.0	6.0	25	0~60	本书
D401-Fe	42.2	5.0	25	0~90	本书
BC	412.0	4.0	30	0~414.4	本书
NBD	261.6	5.0	25	0~1000	本书
CBD	132.4	5.0	35	0~1000	本书
ZLS	8.1	5.0	30	0~250	本书

由表3.15可以发现，不同吸附材料吸附铅离子的最佳吸附pH大多集中在5.0~5.5之间，最佳吸附温度在25~30℃之间，本研究中制备的NBD与其他吸附材料相比具有较高的吸附容量。

参 考 文 献

[1] 栗帅，查会平，范忠雷. 含铅废水处理技术研究现状及展望 [J]. 化工进展，2011，30（S1）：336-339.

[2] 张帆，李菁，谭建华，等. 吸附法处理重金属废水的研究进展 [J]. 化工进展，2013，32（11）：2749-2956.

[3] 邓娟丽，胡小玲，管萍，等. 膜分离技术及其在重金属废水处理中的应用 [J]. 材料导报，2005，19（2）：23-26.

[4] 陈仁坦，刘植昌，孟祥海，等. 离子液体萃取重金属离子的研究进展 [J]. 化工进展，2013，32（11）：2757-2764.

[5] Imamoglu M, Tekir O. Removal of copper（Ⅱ）and lead（Ⅱ）ions from aqueous solutions by adsorption on activated carbon from a new precursor hazelnut husks [J]. Desalination, 2008, 228 (1-3): 108-113.

[6] Boudrahem F, Aissani-Benissad F, Soualah A. Adsorption of Lead（Ⅱ）from

Aqueous Solution by Using Leaves of Date Trees As an Adsorbent [J]. Journal of Chemical & Engineering Data, 2011, 56 (5): 1804 – 1812.

[7] Wang Q, Wang B, Lee X, et al. Sorption and desorption of Pb(Ⅱ)to biochar as affected by oxidation and pH [J]. Science of the Total Environment, 2018, 634: 188 – 194.

[8] Zhang Y, Li Y, Li X, et al. Selective removal for Pb^{2+} in aqueous environment by using novel macroreticular PVA beads [J]. Journal of Hazardous Materials, 2010, 181 (1 – 3): 898 – 907.

[9] 陈婉芳, 卢珊珊, 李杰, 等. 一种管式离子交换纤维螺旋过滤机构 [J]. 国际纺织导报, 2014 (6): 10 – 13.

[10] Wang J, Cheng C, Yang X, et al. A New Porous Chelating Fiber: Preparation, Characterization, and Adsorption Behavior of Pb(Ⅱ) [J]. Industrial & Engineering Chemistry Research, 2013, 52 (11): 4072 – 4082.

[11] Shinzato M C, Montanheiro T J, Janasi V A, et al. Removal of Pb^{2+} from aqueous solutions using two Brazilian rocks containing zeolites [J]. Environmental Earth Sciences, 2012, 66 (1): 363 – 370.

[12] He Y F, Zhang L, Yan D Z, et al. Poly (acrylic acid) modifying bentonite with\r, *in-situ*\r, polymerization for removing lead ions [J]. Water Science & Technology, 2012, 65 (8): 1383 – 1392.

[13] Suc N V, Ly H T Y. Lead (Ⅱ) removal from aqueous solution by chitosan flake modified with citric acid via crosslinking with glutaraldehyde [J]. Journal of Chemical Technology & Biotechnology, 2013, 88 (9): 1641 – 1649.

[14] Jiao Long, Qi Peishi, Liu Yunzhi, et al. Fe_3O_4 and TiO_2 Embedded Sodium Alginate Beads of Composite Adsorbent for Pb(Ⅱ) Removal [J]. Advanced Materials Research, 2014, 900 (900): 160 – 164.

[15] Madadrang C J, Kim H Y, Gao G, et al. Adsorption Behavior of EDTA-Graphene Oxide for Pb(Ⅱ) Removal [J]. ACS Applied Materials & Interfaces, 2012, 4 (3): 1186 – 1193.

[16] 尹甲兴. 氨基化磁性纳米粒子的制备及其对 Pb^{2+} 吸附性能研究 [J]. 功能材料, 2013, 44 (17): 2511 – 2515.

[17] Peng H, Wang S, Tang J, et al. Preparation of chelating polymer grafted magnetic adsorbent and its application for removal of Pb(Ⅱ) ions [J]. Journal of Wuhan University of Technology-Mater. Sci. Ed. , 2011, 26 (6): 1108 – 1113.

[18] Deng X, Lili Lü, Li H, et al. The adsorption properties of Pb(Ⅱ) and Cd

（Ⅱ）on functionalized graphene prepared by electrolysis method ［J］. Journal of Hazardous Materials, 2010, 183（1－3）: 923－930.

［19］ Madadrang C J, Kim H Y, Gao G, et al. Adsorption Behavior of EDTA-Graphene Oxide for Pb（Ⅱ）Removal ［J］. ACS Applied Materials & Interfaces, 2012, 4（3）: 1186－1193.

［20］ Gherasim C V I, Bourceanu G, Olariu R I, et al. Removal of lead（Ⅱ）from aqueous solutions by a polyvinyl-chloride inclusion membrane without added plasticizer ［J］. Journal of Membrane Science, 2011, 377（1－2）: 167－174.

［21］ Sabry R, Hafez A, Khedr M, et al. Removal of lead by an emulsion liquid membrane: Part I ［J］. Desalination, 2007, 212（1－3）: 165－175.

［22］ Fischer R, Seidel H, Rahner D, et al. Elimination of Heavy Metals from Leachates by Membrane Electrolysis ［J］. Engineering in Life Sciences, 2004, 4（5）: 438－444.

［23］ Singh S, Patel P, Shahi V K, et al. Pb^{2+} selective and highly cross-linked zirconium phosphonate membrane by sol-gel in aqueous media for electrochemical applications ［J］. Desalination, 2011, 276（s1－3）: 175－183.

［24］ Lertlapwasin R, Bhawawet N, Imyim A, et al. Ionic liquid extraction of heavy metal ions by 2-aminothiophenol in 1-butyl-3-methylimidazolium hexafluorophosphate and their association constants ［J］. Separation & Purification Technology, 2010, 72（1）: 70－76.

［25］ 陈莉莉, 邱祖民, 黄金莲. PMBP 缩 2-氨基苯并噻唑席夫碱/离子液体双水相体系萃取废水中重金属离子的研究 ［J］. 冶金分析, 2010, 30（5）: 33－37.

［26］ Al-Bishri H M, Abdel-Fattah T M, Mahmoud M E. Immobilization of ［Bmim + Tf2N-］ hydrophobic ionic liquid on nano-silica-amine sorbent for implementation in solid phase extraction and removal of lead ［J］. Journal of Industrial & Engineering Chemistry, 2012, 18（4）: 1252－1257.

［27］ 郭燕妮, 方增坤, 胡杰华, 等. 化学沉淀法处理含重金属废水的研究进展 ［J］. 工业水处理, 2011, 31（12）: 9－13.

［28］ Chen Q, Luo Z, Hills C, et al. Precipitation of heavy metals from wastewater using simulated flue gas: Sequent additions of fly ash, lime and carbon dioxide ［J］. Water Research, 2009, 43（10）: 2614.

［29］ 何绪文, 胡建龙, 李静文, 等. 硫化物沉淀法处理含铅废水 ［J］. 环境工程学报, 2013, 7（4）: 1394－1398.

[30] Minh D P, Tran N D, Nzihou A, et al. Calcium phosphate based materials starting from calcium carbonate and orthophosphoric acid for the removal of lead (Ⅱ) from an aqueous solution [J]. The Chemical Engineering Journal, 2014, 243: 280 –288.

[31] 范庆玲, 郭小甫, 袁俊生. 化学沉淀法去除飞灰浸取液中重金属的研究 [J]. 河北工业大学学报, 2019, 48 (3): 21 –26.

[32] 彭位华, 桂和荣. 国内铁氧体法处理重金属废水应用现状 [J]. 水处理技术, 2010, 36 (5): 22 –27.

[33] 张少峰, 胡熙恩. 含铅废水处理技术及其展望 [J]. 环境污染治理技术与设备, 2003, 4 (11): 68 –71.

[34] 张少峰, 胡熙恩. 三维电极电解法处理含铅废水 [J]. 工业水处理, 2012, 32 (4): 42 –45.

[35] Abou-Shady A, Peng C, Bi J, . Recovery of Pb(Ⅱ) and removal of NO_3 from aqueous solutions using integrated electrodialysis, electrolysis, and adsorption process [J]. Desalination, 2012, 286 (none): 304 –315.

[36] 徐雪芹, 李小明, 杨麒, 等. 丝瓜瓤固定筒青霉吸附废水中 Pb^{2+} 和 Cu^{2+} 的机理 [J]. 环境科学学报, 2008 (1): 95 –100.

[37] Feng J, Yang Z, Zeng G, et al. The adsorption behavior and mechanism investigation of Pb(Ⅱ) removal by flocculation using microbial flocculant GA1 [J]. Bioresource Technology, 2013, 148 (Complete): 414 –421.

[38] Jia D M, Li C. Adsorption of Pb(Ⅱ) from aqueous solutions using corn straw [J]. Desalination & Water Treatment, 2015, 56 (1): 223 –231.

[39] 冯亚娥, 柏松, 骆斌, 等. NaOH 改性桤木锯末对废水中 Cd^{2+}, Pb(Ⅱ) 的吸附 [J]. 环境科学与技术, 2011, 34 (5): 1 –5.

[40] 邹卫华, 李奇, 高帅鹏, 等. 乙二胺改性锯末对刚果红的吸附研究 [J]. 郑州大学学报, 2013, 34 (2): 1 –5.

[41] 姜玉, 庞浩, 等. 甘蔗渣吸附剂的制备及其对 Pb^{2+}、Cu^{2+}、Cr^{3+} 的吸附动力学研究 [J]. 中山大学学报, 2008, 47 (6): 32 –37.

[42] 刘江国, 陈玉成, 李杰霞, 等. 改性玉米秸秆对 Cu^{2+} 废水的吸附 [J]. 工业水处理, 2010, 30 (6): 18 –21.

[43] 张华, 吴百春, 罗臻. 改性花生壳对钙离子的吸附研究 [J]. 环境科技研究进展及应用, 2011, 917 –922.

[44] 王文华, 冯永梅, 等. 玉米芯对废水中铅的吸附研究 [J]. 水处理信息报道, 2004, 30 (2): 95 –98.

[45] 刘元伟，霍宇. 改性豆渣吸附重金属 Pb（Ⅱ）的性能研究 [J]. 应用化工，2015 (10)：61 - 65.

[46] 钟倩倩，岳钦艳，李倩，等. 改性麦草秸秆对活性艳红的吸附动力学研究 [J]. 山东大学学报（工学版）. 2011 (1)：133 - 139.

[47] 王元凤. 谷壳和梧桐树叶对水体中亚甲基蓝和刚果红的吸附研究 [D]. 郑州：郑州大学化学院，2007.

[48] 范琼，张学亮，张弦，等. 橘子皮对水中亚甲蓝的吸附性能研究 [J]. 中国生物工程杂志，2007, 27 (5)：85 - 89.

[49] 刘元伟，张凯. 环氧氯丙烷改性豆渣吸附剂对 Pb（Ⅱ）的吸附性能研究 [J]. 应用化工，2015 (8)：1449 - 1452.

[50] 范春辉，张颖超，花莉. 吸附动力学和吸附热力学粉煤灰基沸石对亚甲基蓝和 Cr(Ⅲ) 的共吸附行为—Ⅰ. 吸附动力学和吸附热力学 [J]. 环境工程学报，2012. 6 (11)：3923 - 3927.

[51] 王泽红，陶士杰，于福家，等. 天然沸石的改性及其吸附 Pb^{2+}, Cu^{2+} 的研究 [J]. 东北大学学报（自然科学版），2012, 33 (11)：1637 - 1640.

[52] 佟小薇，朱义年. 沸石改性及其去除水中氨氮的实验研究 [J]. 环境工程学报，2009, 3 (4)：635 - 638.

[53] 李仲谨，赵钤妃，李宜洋，等. 交联淀粉聚合物微球对锌离子的吸附性能 [J]. 精细石油化工，2012, 29 (3)：1 - 5.

[54] 廖强强，李义久，相波，等. 改性玉米淀粉对 Cu^{2+}、Pb^{2+} 和 Zn^{2+} 的吸附特性研究 [J]. 环境工程学报，2010, 4 (9)：2033 - 2036.

[55] 刘元伟，贾冬梅，杨仲年. 沸石负载淀粉对 Pb^{2+}、Cu^{2+} 和 Ni^{2+} 的吸附性能 [J]. 环境工程学报，2013, 7 (11)：4393 - 4398.

[56] Ho Y S, Mckay G. The kinetics of sorption of divalent metal ions onto sphagnum moss peat [J]. Water Research, 2000, 34 (3)：735 - 742.

[57] Ho Y S, Mckay G. Pseudo-second order model for sorption processes [J]. Process Biochemistry, 1999, 34 (5)：451 - 465.

[58] Kim J, Benjamin M M. Modeling a novel ion exchange process for arsenic and nitrate removal [J]. Water Res, 2004, 38 (8)：2053 - 2062.

[59] 张宏，张敬华. 生物吸附的热力学平衡模型和动力学模型综述 [J]. 天中学刊，2009, 24 (5)：19 - 22.

[60] 高仙，马非，田栋，等. 黏土基陶粒吸附处理 Cd^{2+} 废水 [J]. 工业水处理，2011, 31 (3)：49 - 52.

[61] Mamdouh M N. Intrapartiele diffusion of basic red and basic yellow dyes on Palm

fruit buneh [J]. War Sci Tech, 1999, 40 (7): 133 – 139.

[62] 吴凡, 郑锐生, 刘雪梅, 等. 改性橘子皮对重金属铅离子的吸附性能研究 [J/OL]. 应用化工: 1 – 7 [2019 – 09 – 20].

[63] 马培, 邓天天, 张庆甫. 金针菇废弃物对 Pb ~ (2 +) 的生物吸附研究 [J]. 工业安全与环保, 2017, 43 (7): 75 – 78.

[64] 王华, 张倩. 芫荽对废水中重金属铅吸附性能的研究 [J]. 食品研究与开发, 2018, 39 (13): 148 – 153.

[65] 李严, 王欣, 黄金田. 沙柳活性炭纤维改性及其对铅离子的吸附性能 [J]. 材料导报, 2018, 32 (14): 2360 – 2365.

[66] 张连科, 刘心宇, 王维大, 等. 油料作物秸秆生物炭对水体中铅离子的吸附特性与机制 [J]. 农业工程学报, 2018, 34 (7): 218 – 226.

[67] 唐登勇, 胡洁丽, 胥瑞晨, 等. 芦苇生物炭对水中铅的吸附特性 [J]. 环境化学, 2017, 36 (9): 1987 – 1996.

[68] 朱俊民, 王兆炜, 高俊红, 等. 蔬菜废弃物基生物炭对铅的吸附特性 [J]. 安全与环境学报, 2017, 17 (1): 232 – 239.

[69] 谈梦仙, 洪孝挺, 吕向红. 山竹壳活性炭的制备与吸附性能研究 [J]. 华南师范大学学报 (自然科学版), 2016, 48 (2): 46 – 51.

[70] 姜智超, 邓景衡, 李伟. 四氧化三铁-蛭石复合材料制备及其对 Pb ~ (2 +) 的吸附性能 [J]. 环境化学, 2017, 36 (7): 1664 – 1671.

[71] 赖胜强, 林亲铁, 项江欣, 等. 氧化镁基固化剂对铅离子的吸附作用及其影响因素 [J]. 环境工程学报, 2016, 10 (7): 3859 – 3865.

[72] 郝一男, 王喜明. 纳米二氧化锆吸附 Pb (2 +) 的研究 [J]. 环境工程, 2017, 35 (8): 51 – 56.

[73] 赵方彪, 宋乃忠, 宁维坤, 等. 磁性金属有机骨架材料 $Fe_3O_4 @ NH_2$-MIL-53 (Al) 的制备及对铅的吸附研究 [J]. 光谱学与光谱分析, 2015, 35 (9): 2439 – 2443.

[74] 徐胜, 刘玲利, 曹锰, 等. PVA/ZnO 复合材料 "骨架支撑" 型孔道构建及铅离子吸附 [J]. 化工学报, 2019, 70 (S1): 130 – 140.

[75] 胡晓辉, 李秋荣, 高乐乐, 等. 以玉米衣为模板生物遗态 ZnO 的制备及 Pb ~ (2 +) 吸附性能 [J]. 材料导报, 2017, 31 (4): 21 – 24, 46.

[76] 张金利, 李宇. 碳纳米管-羟磷灰石对铅的吸附特性研究 [J]. 环境科学, 2015, 36 (7): 2554 – 2563.

[77] 李刘刚, 吴晓芙, 冀泽华, 等. 粟米糠-耐 Pb 菌株复合吸附剂固定床穿透曲线特性 [J]. 环境科学学报, 2017, 37 (7): 2658 – 2666.

[78] 李炳东，李鸿梅，刘江宁. 罗耳阿太菌胞外多糖对铅离子的吸附作用研究 [J]. 食品工业，2019，40（6）：199-203.

[79] 王征，仝壮，王燕诗，等. 4种煅烧活化贝壳粉对 Pb~(2+) 的吸附性能 研究 [J]. 江西师范大学学报（自然科学版），2019，43（1）：84-89.

[80] 李秀霞，万涛，雷阳，等. 植酸掺杂聚苯胺对重金属铅离子吸附性能的研 究 [J]. 塑料工业，2018，46（4）：103-106，126.

[81] 谢敏，熊锋培，冯传禄，等. 纤维素/氧化石墨烯的制备及其对 Pb~(2+) 的吸附研究 [J]. 水处理技术，2019，45（8）：67-70.

4　水中镉的去除

4.1　水中镉的去除研究进展

镉的主要污染源是电镀、采矿、冶炼、染料、电池和化学工业等排放的废水。我国规定工业废水中镉的最高排放浓度为 0.1mg/L[1]。含镉废水在排放之前必须进行处理，以达到排放的要求，避免污染中毒事件的发生。因此，研究、开发高效经济含镉废水的处理技术，具有重大的社会、经济和环境意义。目前，含镉废水的处理方法主要包括化学沉淀法、离子交换法、电解法、膜分离法、吸附法和微生物法。

4.1.1　物理化学法除镉

4.1.1.1　离子交换法

目前，用于去除水中镉离子的离子交换材料树脂包括阴离子交换树脂、腐植酸树脂、螯合树脂、磁性树脂等[2~4]。付永胜等人[5]采用制备的木质素离子交换树脂去除水中 Cd^{2+}，其吸附量可达到 92.15mg/g，在相同的实验条件下该树脂对 Cu^{2+}、Cd^{2+} 和 Ni^{2+} 的吸附效能顺序为 $Cd^{2+} > Ni^{2+} > Cu^{2+}$。王照贺等人[6]研究了磁性树脂微球 MCER0、弱酸性的磁性离子交换树脂 MCER1 和磁性离子交换树脂 MCER2 去除水中 Cd^{2+} 的性能。离子交换法处理具有净化程度高，可以回收镉，无二次污染等优点[7]。但是，其存在离子交换容量不高、再生频繁、操作费用高，不适于处理高浓度废水等缺点[8]。

4.1.1.2　膜分离法

膜分离法是在外力驱动的条件下，利用高分子膜所具有的选择透过性来进行物质分离的技术，包括超滤、电渗析、反渗透、膜萃取等。Landaburu-Aguirre 等人[9]研究了胶束强化超滤技术去除水中的镉离子和锌离子。Marder 等人[10]研究了电渗析法处理电镀工业废水中镉。王岩等人[11]报道了一种中空纤维膜器膜萃取去除镉离子的研究，体积分数为 50% 的 P204－正庚烷溶剂可以将镉离子溶液质量浓度由 400mg/L 降至 0.2mg/L。钟溢健[12]采用碳纳米线膜（CNM）去除废水中的 Cd^{2+}，研究结果显示，25℃下 CNM 对 Cd^{2+} 的最大吸附容量为 312.5mg/g。Mortaheb 等人[13]报道了乳状液膜法分离水中的镉离子，研究发现液膜分离对镉离子有快速、显著的富集作用。

膜分离法处理含镉废水具有分离效率高、选择性高等特点，此外膜组件投资费用高、膜污染等问题也在一定程度上影响了膜分离法的应用。

4.1.1.3 沉淀法

沉淀法是在含镉废水中投加沉淀剂如石灰、硫化物、聚合硫酸铁、碳酸盐，发生化学反应生成 $Cd(OH)_2$、CdS、$CdCO_3$ 等镉的沉淀物。在沉淀过程中有的阴离子会与镉离子形成络合离子，加大了镉离子的去除难度，此外废水的 pH 值对沉淀效果影响很大[14]。单丽梅等[15]研究了 CaO、$NaOH$、Na_2S、Na_3PO_4 和 Na_2CO_3 为沉淀剂去除 Cd^{2+}。

4.1.1.4 电絮凝法

电絮凝法原理是以铝、铁等金属为阳极，通以直流电后，阳极电离失去电子，形成 Al^{3+}、Fe^{2+}，再经水解、聚合及氧化过程，形成高活性的絮凝基团对废水中的污染物具有极强的吸附作用，通过吸附架桥、网捕等作用，使其分离[16]。例如，李爽等人[17]采用铝电极板电絮凝法去除水中 Cd^{2+} 和 Ni^{2+}，在最佳工况条件下 Cd^{2+} 和 Ni^{2+} 的去除率均能达到 99.99% 以上。

4.1.1.5 吸附法

吸附法处理含镉废水的机理不尽相同，但主要以物理吸附占主导，但同时伴有化学吸附。吸附剂有：活性炭[18]、生物炭[19]、风化煤、磺化煤、原始矿物及工业废料、沸石等[20]。

4.1.2　生物法除镉

生物吸附法在处理含镉废水中具有操作简单、高效价廉、无二次污染等优势，该法适合处理较低浓度的重金属废水。例如，王正芳等人[21]用互花米草制备的活性炭去除废水中 Cd^{2+}，其最大吸附容量可达 47.85mg/g。除了常见的生物质吸附剂以外，微生物吸附剂由于活性高，去除率高也引起了研究人员的关注，其机理是微生物把重金属离子吸附到表面，然后通过细胞膜将其运输到体内积累，从而实现水中重金属的去除。例如，李清彪等人[22]报道了黄孢展齿革菌生物吸附镉离子的研究，邱廷省等人[23]则选用啤酒酵母进行镉吸附研究，魏蓝等人[24]研究了壬基酚对一株铜绿假单胞菌吸附镉的影响，喻涌泉等人[25]报道了硝基还原假单胞菌吸附重金属镉的机理研究。

4.2　沸石负载纳米二氧化硅对 Cd^{2+} 和 Ni^{2+} 的吸附研究

吸附法具有成本低、效率高以及易操作等优点，被广泛用于重金属废水处理[26~28]。纳米 SiO_2 具有小尺寸效应、比表面积大等优点，其表面原子具有不饱和性，能与金属离子通过静电作用相结合，且比表面积大，使其具有较强的吸附能力，是一种较为理想的吸附材料[29~31]。但是粉末状的纳米 SiO_2 颗粒细微，在水溶液中易于失活和凝聚，不易沉降，难以回收和再利用。针对以上问题，有效方法是制备负载型吸附剂。将纳米 SiO_2 固定化既可以保持纳米材料的固有特性，又可以增强其稳定性，解决吸附剂难以回收的问题。张军丽[32]通过丁二酸酐、可分散的纳米 SiO_2 与壳聚糖脱水合成了壳聚糖/纳米 SiO_2 杂化材料并用于废水处理。结果表明，其吸附与壳聚糖具有同样甚至更强的吸附 Pb 的能力。张国庆[33]以硅酸钠为主要原料，用硫酸调节 pH，通过液相沉淀法在凹土单晶表面原位生成纳米粒状 SiO_2，制备纳米 SiO_2/凹土复合粉体。

沸石是自然界中广泛存在的一种硅铝酸盐矿物，内部多孔，比表面积大，有较高的离子交换和吸附能力，是一种良好的吸附剂，且具有价格低廉、耐酸性、热稳定性好等优点，因此在水处理中得到了广泛的应用[34]。

本项目尝试将纳米 SiO_2 负载到沸石上，制备一种既发挥纳米 SiO_2 表面原子与金属离子静电结合以及沸石吸附重金属离子的优点，又可以避免单独使用纳米 SiO_2 时凝聚、不易沉降、难以回收和再利用的缺点。目前，这方面的研究还未有报道。

4.2.1　实验方法

4.2.1.1　沸石负载纳米二氧化硅的制备

称取 0.6g 十六烷基三甲基溴化铵（天津市北方天医化学试剂厂）和 3g 硅酸钠（天津市东丽区天大化学试剂厂），按硅酸钠和沸石（天津市东丽区天大化学试剂厂）的质量比 $m(SiO_2)/m(沸石) = (0.5 \sim 3.0)/1$ 称取沸石，将其溶于 23mL 水中，搅拌 30min，然后调节溶液 pH 值 =9，再搅拌 4h，静止 24h，抽滤，将晶体放在真空干燥箱中，在 50℃ 下干燥 12h，最后在 540℃ 下煅烧 6h，得到沸石负载 SiO_2 复合吸附材料（ZLS）。

4.2.1.2　吸附实验

精确移取含 Cd^{2+} 浓度为 0.5g/L 的废水溶液 100mL 于 200mL 的碘量瓶中，加入 1g 沸石负载的纳米二氧化硅，于 25℃ 条件下恒温振荡 1h，过滤，用原子吸收分光光度计（北京普析通用仪器有限责任公司）测定滤液中 Cd^{2+} 剩余浓度。按式（4.1）计算 Cd^{2+} 吸附量：

$$q_e = \frac{(C_0 - C_e)V}{m} \qquad (4.1)$$

4.2.2　ZLS 对 Cd^{2+} 的吸附性能研究

4.2.2.1　不同 pH 值条件下的吸附

在 Cd^{2+} 溶液初始浓度为 0.5g/L，吸附剂投加量为 1.0g，温度为 25℃，摇床振荡频率为 110r/min，吸附时间为 12h 和溶液 pH 分别为 2、3、4、5、6 的条件下，研究 pH 值对 ZLS 吸附性能的影响，结果如图 4.1 所示。

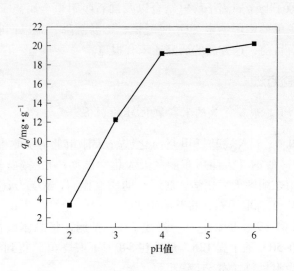

图 4.1　溶液 pH 值与 ZLS 吸附容量的关系

由图 4.1 可以看出，在 pH 值为 2.0~6.0 时，随着溶液 pH 值的升高，负载沸石的纳米二氧化硅对镉离子的吸附量增大，原因可能为：在吸附剂表面存在 H^+ 与 Cd^{2+} 的竞争吸附，随着 pH 值的增加，氢离子浓度降低，Cd^{2+} 在 ZLS 吸附剂表面竞争吸附能力增强，吸附量增加。当 pH > 7 以后，会产生氢氧化镉的沉淀，影响吸附的研究，因此本实验考察的 pH 值范围低于 7[35]。

4.2.2.2　温度的影响

在 Cd^{2+} 溶液初始浓度为 0.5g/L，吸附剂投加量为 1.0g，温度分别为 25℃、30℃、35℃、40℃、45℃，摇床振荡频率为 110r/min，吸附时间为 12h 和溶液 pH 值为 6 的条件下，研究温度对 ZLS 吸附性能的影响，结果如图 4.2 所示。

由图 4.2 可以看出，温度对 ZLS 吸附 Cd^{2+} 有显著影响，随着温度升高，吸附量逐渐增加，说明该吸附过程为吸热过程。温度升高分子运动速度加快，有利于 Cd^{2+} 向吸附剂的扩散运输；提高 Cd^{2+} 在

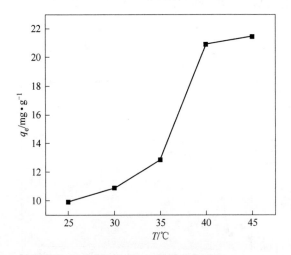

图 4.2 吸附温度与 ZLS 吸附容量的关系

ZLS 表面活性吸附位点的数量，吸附量增加。

4.2.2.3 吸附时间的影响

在 Cd^{2+} 溶液初始浓度为 0.5g/L，吸附剂投加量为 1.0g，温度为 25℃，摇床振荡频率为 110r/min、吸附时间分别为 15min、30min、1h、2h、4h、6h、10h、12h、18h 和溶液 pH =6 的条件下，研究吸附时间对 ZLS 吸附性能的影响，结果如图 4.3 所示。

由图 4.3 可以看出，随着吸附时间的延长，ZLS 吸附剂对废水中 Cd^{2+} 的吸附率不断增加，继而趋于平衡。原因可能是在吸附剂投加量不变的情况下，随着时间继续延长，吸附剂表面的吸附位点逐渐被占据，其吸附率也就不断增加；720min 之后，ZLS 对 Cd^{2+} 的吸附率增加逐渐减缓，其原因可能是吸附时间的延长，吸附剂表面的活性位点数与溶液中金属离子数均减少，因此使吸附率增加甚小，吸附剂的表面逐渐达到饱和并出现解吸现象，吸附率趋于稳定并有略微降低的趋势。

采用动力学模型，即一级动力学和二级动力学模型来探究 ZLS

吸附剂吸附废水中 Cd^{2+} 的吸附机理，结果如图 4.4 与表 4.1 所示。

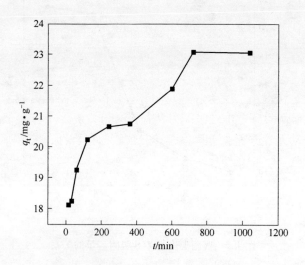

图 4.3　吸附时间与 ZLS 吸附容量的关系

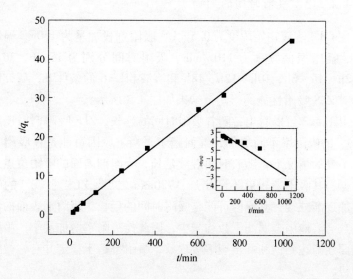

图 4.4　动力学拟合曲线

表 4.1 吸附模型的拟合结果

实测	一级动力学			二级动力学		
q_{e1max}	q_{e1}	k_1	R_1^2	q_{e2}	k_2	R_2^2
23.11	6.68	0.00462	0.87055	23.23	0.001852	0.9981

由表 4.1 数据可知,拟合的相关系数 $R_1^2 < R_2^2$,说明该复合吸附剂的吸附过程遵循二级动力学方程为既有物理吸附又有化学吸附,两者并存的吸附过程。准二级动力学方程的相关系数(R^2)大于 0.99,说明准二级动力学方程对实验数据具有较好的拟合性,能准确反应吸附的整个过程,从动力学曲线和 k_2 值可以看出,Cd^{2+} 的吸附分为快速反应和慢速反应,而准二级吸附速率常数 k_2 为 $0.001852g/(mg \cdot min)$。因此,可以说吸附过程主要受慢反应控制,表现为二级反应过程。

4.2.3 沸石负载纳米二氧化硅对 Ni^{2+} 的吸附性能研究

4.2.3.1 纳米二氧化硅与沸石质量比的影响

在 HNO_3 质量浓度为 3% ,焙烧温度为 400℃ ,Ni^{2+} 溶液初始浓度为 0.1g/L,吸附剂投加量为 1.0g,温度为 25℃ ,摇床振荡频率为 110r/min,吸附时间为 12h 和溶液 pH = 7 的条件下,研究纳米二氧化硅与沸石质量比对 ZLS 吸附 Ni^{2+} 性能的影响,结果如图 4.5 所示。

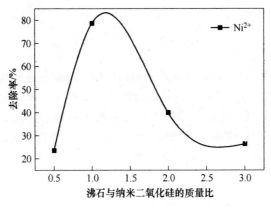

图 4.5 沸石-纳米二氧化硅质量比与去除率的关系

由图 4.5 可知，随着沸石与纳米二氧化硅的质量配比的增大，溶液的离子去除率增加，当配比为 1:1 时达到最大值，复合吸附剂对 Ni^{2+} 的最大去除率为 78.6%；当配比大于 1:1 时，随着比值的增大，去除率大大降低。所以，纳米二氧化硅与沸石的复合吸附剂的最佳吸附比为 1:1。

4.2.3.2　温度的影响

在沸石与纳米二氧化硅的质量比为 1:1，Ni^{2+} 溶液初始浓度为 0.1g/L，吸附剂投加量为 1.0g，温度为 10℃、20℃、30℃、40℃ 和 50℃，摇床振荡频率为 110r/min，吸附时间为 12h 和溶液 pH = 7 的条件下，研究温度对 ZLS 吸附 Ni^{2+} 性能的影响，结果如图 4.6 所示。

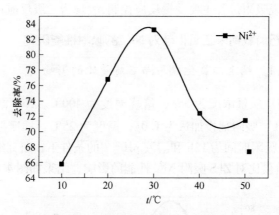

图 4.6　吸附温度与去除率的关系

由图 4.6 可知，随着温度的升高，离子的去除率逐渐增加，当温度为 30℃ 时，Ni^{2+} 的去除率达到最大值，为 83.3%；当温度大于 30℃ 时，去除率有所降低。这应该是因为温度对吸附速率和平衡有一定影响，随着温度的升高，吸附效果提高。但吸附是一个放热过程，当温度过高时，有利于解吸过程的进行。所以吸附温度不宜过高，在 30℃ 时最佳。

4.2.3.3　溶液 pH 值的影响

在 Ni^{2+} 溶液初始浓度为 0.1g/L，吸附剂投加量为 1.0g，温度为

25℃，摇床振荡频率为 110r/min，吸附时间为 12h 和溶液 pH 值分别为 4、5、6、7、8、9 的条件下，研究 pH 值对 ZLS 吸附 Ni^{2+} 性能的影响，结果如图 4.7 所示。

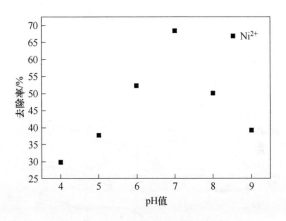

图 4.7　溶液 pH 值与去除率的关系

由图 4.7 可知，随着 pH 值的增大，去除率逐渐增大，吸附效果越来越好，在实验中，当 pH = 7 时，去除率达到最大，吸附效果最好；随着 pH 值的增加，去除率逐渐减小。由图可以观察到，纳米二氧化硅、沸石的复合吸附剂在偏碱性的情况下吸附效果比较好，可能由于二氧化硅在酸性条件下容易形成弱酸，导致吸附效果降低；在中性的条件下，对吸附性能较为有利，但是碱性太大也不利于吸附。所以，复合吸附剂的最佳 pH ≈ 7。

4.2.3.4　溶液初始质量浓度对去除率的影响

在 Ni^{2+} 溶液初始浓度分别为 5μg/mL、10μg/mL、15μg/mL、20μg/mL、25μg/mL，吸附剂投加量为 1.0g，温度为 25℃，摇床振荡频率为 110r/min，吸附时间为 12h 和溶液 pH = 7 的条件下，研究溶液初始质量浓度对 ZLS 吸附 Ni^{2+} 性能的影响，结果如图 4.8 所示。

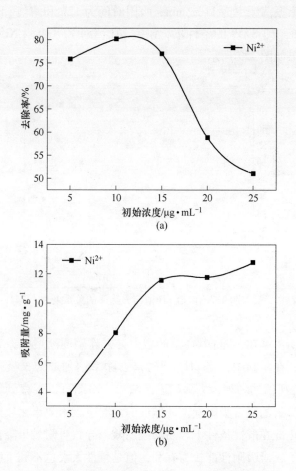

图 4.8　溶液初始质量浓度与去除率和吸附量的关系

　　由图 4.8（a）可知，随着溶液初始质量浓度的增大，离子的去除率逐渐增大，在溶液初始浓度为 $10\mu g/mL$ 时达到最大值 80.13% 之后，随着初始浓度逐渐增大去除率逐渐减小，说明溶液初始质量浓度的改变对复合型吸附剂的吸附性能有很大的影响。从图 4.8（b）中可以很明显看出，随着初始浓度的增加，单位吸附剂的吸附量逐渐增加。在溶液初始浓度为 $15\mu g/mL$ 时，Ni^{2+} 的吸附量达到 11.553mg/g，而后，随着溶液初始浓度的增加，单位吸附剂的吸附量增加极为缓慢。这是因为复合型吸附剂的吸附量接近极限，吸附剂已经达到了吸附饱和状态。所以该复合型吸附剂的吸附容量在 12mg/g 左右。

4.2.3.5 去除率与吸附时间的关系

在 Ni^{2+} 溶液初始浓度为 0.1g/L，吸附剂投加量为 1.0g，温度为 30℃，摇床振荡频率为 110r/min 和溶液 pH=7 的条件下，研究吸附时间对 ZLS 去除 Ni^{2+} 性能的影响，结果如图 4.9 所示。

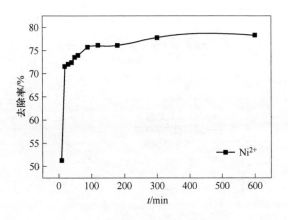

图 4.9 去除率与吸附时间的关系

由图 4.9 可以看出，在吸附开始的 1.5h 内，复合型吸附剂的吸附速率比较大，去除率达到了 75% 左右；随后吸附速率开始减慢，在 5h 左右，基本达到吸附平衡；之后，Ni^{2+} 的去除率基本维持在 5h 时的状态。这是因为此时的吸附速率和解吸速率基本相等，达到动态平衡。

4.2.3.6 吸附动力学

通过本实验得到不同时刻 Ni^{2+} 吸附量和平衡吸附量，即可计算出不同时刻 $\ln(q_e - q_t)$ 的值和 t/q_t 的值，得到一系列实验数据点，对这些数据点进行一级动力学和二级动力学拟合，便得到图 4.10。

由图 4.10 (a) 可知一级动力学拟合直线方程为 $y = 3.32594 -$

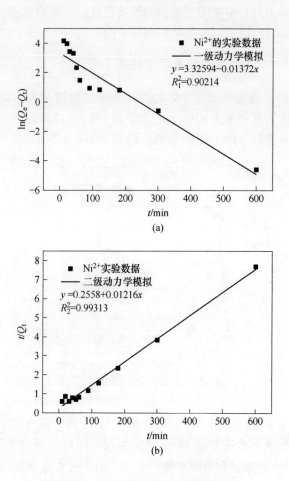

图 4.10　准一级动力学方程和准二级
动力学方程对 ZLS 吸附 Ni^{2+} 的拟合

$0.01372x$，$R_1^2 = 0.90214$，一级吸附速率常数 $k_1 = 0.01372min^{-1}$。由图 4.10（b）可知二级动力学拟合直线方程为 $y = 0.2558 + 0.01216x$，$R_2^2 = 0.99313$，$k_2 = 0.01216g/(mg \cdot min)$。对于一级动力学和二级动力学进行拟合，相关系数 $R_1^2 = 0.90214 < R_2^2 = 0.99313$，说明该复合吸附剂的吸附遵循二级动力学方程，吸附速率常数 $k_2 = 0.01216g/(mg \cdot min)$。

4.2.3.7　吸附等温线

在 Ni^{2+} 溶液初始浓度为 $5\mu g/mL$、$10\mu g/mL$、$15\mu g/mL$、$20\mu g/mL$、$25\mu g/mL$，吸附剂投加量为 $1.0g$，温度为 $20℃$、$30℃$ 和 $40℃$，摇床振荡频率为 $110r/min$，吸附时间为 $12h$ 和溶液 pH 为 7 的条件下，测得了 ZLS 对 Ni^{2+} 的吸附等温线，结果如图 4.11 所示。

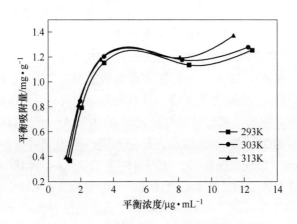

图 4.11　ZLS 对 Ni^{2+} 的吸附等温线

由图 4.11 可知，实验温度不同，ZLS 对 Ni^{2+} 的吸附性能随着温度的不同而不同，吸附容量与温度的顺序关系为 313K > 303K > 293K，由此可知，ZLS 对 Ni^{2+} 的吸附是吸热过程。

采用 Langmuir 和 Freundlich 模型对实验数据进行拟合，拟合结果见表 4.2。

表 4.2　不同热力学模型对 ZLS^+ 吸附 Ni^{2+} 的拟合参数

T/K	Langmuir			Freundlich		
	$q_{ma}/mg \cdot g^{-1}$	$b/dm^3 \cdot mg^{-1}$	R^2	$k/mg \cdot g^{-1}$	$1/n$	R^2
293	9.344	4.246	0.983	9.521	0.456	0.972
303	9.864	4.562	0.993	10.872	0.478	0.965
313	10.808	5.682	0.9923	11.902	0.432	0.912

　　由表 4.2 可知，ZLS 对 Ni^{2+} 的等温吸附的拟合相关数 R^2 都大于 0.9，表明 Langmuir 和 Freundlich 方程都可以很好地说明纳米二氧化硅、沸石复合吸附剂对镍离子的吸附，但该吸附更符合 Langmuir 方程，吸附更接近于单分子吸附。

4.2.3.8　二氧化硅及复合吸附剂的红外结构表征

　　沸石、纳米二氧化硅、ZLS 的红外光谱图如图 4.12 所示。由图 4.12 可以看出，$34256.57 cm^{-1}$ 处是羟基的伸缩振动吸收峰，$1647.14 cm^{-1}$ 处是羰基的伸缩振动吸收峰，$1093.63 cm^{-1}$ 处是 T—O—T（T 为 Si 或 Al）键的不对称伸缩振动吸收峰，$750 cm^{-1}$ 左右处是 T—O 键的对称伸缩振动吸收峰，$440 \sim 460 cm^{-1}$ 处是 T—O 键的变角振动吸收峰。纳米二氧化硅的红外光谱在 $1075.43 cm^{-1}$ 出现吸收峰，为 Si—O—Si 的反对称伸缩振动，在 $791.05 cm^{-1}$ 出现对称伸缩振动，在 $547.57 cm^{-1}$ 出现弯曲振动，此图与纳米二氧化硅的标准光谱图基本相同，可以确定为是纳米二氧化硅。分析纳米二氧化硅、沸石的复合吸附剂的红外光谱图 4.12 可以看出，ZLS 的红外光谱图同时具备沸石和纳米二氧化硅的结构特征，说明沸石和纳米二氧化硅进行了有效的复合。

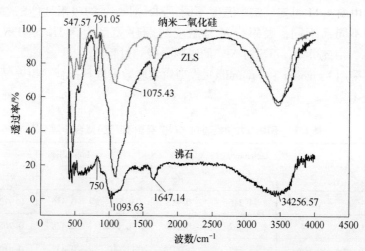

图 4.12　沸石、纳米二氧化硅、ZLS 的红外光谱

4.2.4 小结

本节实验采用沸石负载纳米二氧化硅的方法制备出一种新型的复合吸附剂 ZLS，并应用于水溶液中对 Cd^{2+} 和 Ni^{2+} 的吸附。对 Ni^{2+} 的最佳吸附条件：当 HNO_3 浓度为 3%，焙烧温度为 400℃，沸石与淀粉质量比为 1:1 时，pH=7，吸附温度为 30℃，在 5h 左右时达到吸附平衡。当吸附温度为 30℃，pH 值为 7，溶液浓度为 0.1g/L，吸附剂质量为 1.0g 时，Ni^{2+} 的去除率都达到最大值，分别依次为 80.13%，吸附容量依次为 12mg/g。

ZLS 对 Cd^{2+} 的吸附量随 pH 值升高而增加，且吸附过程为吸热过程，温度升高，吸附量随之升高，ZLS 对 Cd^{2+} 和 Ni^{2+} 的吸附过程遵循准二级动力学模型，为物理化学吸附并存的吸附行为。

4.3 改性活性炭的制备及对镉的吸附特性

4.3.1 实验方法

4.3.1.1 活性炭的预处理

在装有回流冷凝器、磁子和温度计的 500mL 三口烧瓶中，加入活性炭 25g、甲醛 250mL 和 25mL 20% 氢氧化钠溶液。升温至 50℃，在该温度下继续反应 6h，反应结束后，活性炭经过滤、洗涤至中性后置于真空烘箱中于 50℃下干燥 20h。干燥处理后的活性炭，密封储存于棕色试剂瓶内，为保持活性炭表面羟甲基的活性特性，将活性炭置于冰箱内储存。

4.3.1.2 改性活性炭的制备

油相：在 250mL 的三口烧瓶中加入 120mL 环己烷和 0.6g 乳化剂，在 50℃ 加热搅拌，待分散剂完全溶解，放置待用。

水相：称取 2.4g 淀粉，在 80℃ 条件下用 30mL 蒸馏水充分溶解，配置成淀粉溶液，然后降温到 60℃，放置待用。

乳化分散：在 50℃ 条件下，将淀粉溶液分多次加入油相中，以 3000r/min 的搅拌速度使其乳化分散，最后至形成乳浊液。

聚合：加入 0.6g MBA 并且加入 0.5g $K_2S_2O_8$（引发剂）和 2.4g 活性炭，保持 3000r/min 的搅拌速度，使其分散。升温到 65℃，然后加入 0.5g $NaHSO_3$，以 3000r/min 的速度搅拌，使其反应 2h。

后处理：聚合反应完成后，停止搅拌，静置离心，然后除去上层油相，下层交联聚合物依次使用乙酸乙酯、丙酮和无水乙醇洗涤，再真空干燥，得到黑色粉末状的交联淀粉微球，记下恒重质量（W_1）。

取上述制得的复合型吸附剂粗产物研磨，用真空干燥并称重好的滤纸包好绑紧，以丙酮为提取物（将丙酮水浴加热至 70℃ 左右），用索式提取器在恒温水浴下提取 48h，以除去杂质。最后将其放入真空干燥箱中真空干燥至恒重后得复合型吸附剂精产物，记下恒重质量（W_2）。

单体转化率：$C = [(M_1 - M_0 - M_3)/M] \times 100\%$

接枝率：$\quad G = [(M_2 - M_0 - M_3)/M] \times 100\%$

接枝效率：$EG = [(M_2 - M_0 - M_3)/M_2] \times 100\%$

式中，M_0 为淀粉质量，g；M 为所加单体质量，g；M_1 为粗产品质量，g；M_2 为精产品质量，g；M_3 为活性炭质量，g。

4.3.1.3　吸附实验

称取镉离子固体，溶解，配制一定浓度的待吸附溶液。准确量取 50mL 镉离子溶液放入锥形瓶中，加入一定质量的改性产品，一定温度、转速条件下在低温恒温振荡器中振荡，每隔一定时间静置并离心分离后，用移液管移取上层清夜，测吸光度，根据镉离子溶液的标准曲线求吸附后溶液的浓度，根据相关公式进行计算和数据处理。

探究吸附与时间和温度的关系。测定每组复合型吸附剂的吸附情况，确定最优产品，研究吸附动力学。对比纯淀粉、活性炭与复合型吸附剂对镉离子的吸附性能。

4.3.1.4　改性活性炭的红外图谱

利用傅里叶变换红外光谱仪对淀粉、N，N-亚甲基双丙烯酰胺、活性炭和改性活性炭进行表征，结果如图 4.13 所示。

从图 4.13 可以看出，淀粉红外图 3390.14cm^{-1} 处是—OH 的伸缩

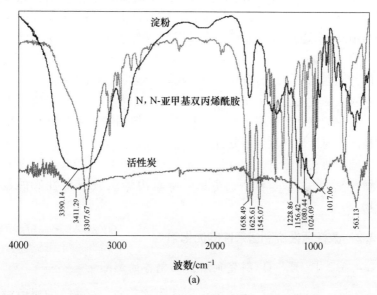

(a)

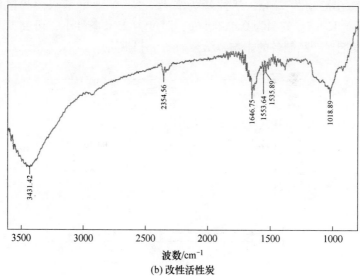

(b) 改性活性炭

图 4.13　淀粉、N,N-亚甲基双丙烯酰胺、活性炭和
改性活性炭的红外光谱

振动峰。1017. 86cm^{-1}处是葡萄糖环的特征吸收峰。由 N，N-亚甲基双 N，N-亚甲基双丙烯酰胺红外图可知，在 3307. 67cm^{-1} 和 1024. 09cm^{-1}处分别是酰胺基和羰基的伸缩振动吸收峰。在产物图中，3431. 42cm^{-1}处是未反应—OH 特征峰，1553. 64cm^{-1}是酰胺上羰基的伸缩振动峰。综合分析可以得出淀粉与 N，N-亚甲基双 N，N-亚甲基双丙烯酰胺发生了接枝共聚合反应。活性炭对红外光散射作用很强，故它的红外光谱吸收峰不是很明显。但据产物形态和颜色来看，接枝产物与活性炭发生了复合。

　　综上所述，通过改性复合产品的红外光谱鉴定可知，所生成的为淀粉、N，N-亚甲基双 N，N-亚甲基双丙烯酰胺与活性炭的复合产物。

4.3.2　改性活性炭制备条件的优化

4.3.2.1　$K_2S_2O_8$ 引发剂对产品制备的影响

　　在淀粉为 2. 4g，活性炭为 2. 4g，N，N-亚甲基双丙烯酰胺为 0. 6g，$K_2S_2O_8$ 范围为 0. 1～0. 6g，温度为 25℃ 条件下，研究 $K_2S_2O_8$ 引发剂对产品制备的影响，结果如图 4. 14 所示。

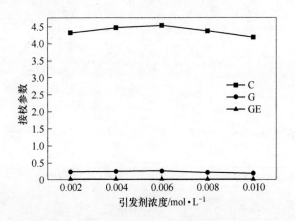

图 4.14　引发剂浓度对产品制备的影响

　　由图 4. 14 可以看出，随着引发剂浓度的增大，单体的转化率、接枝率先增大后减小，在引发剂浓度约为 6mmol/L 时达到最大值。接枝效率变化不是很明显，但在浓度约为 6mmol/L 时也比较高。

分析认为，糊化步骤的进行使得淀粉不断解体，活性位增多，并且变得比较均匀。引发剂浓度低于 6mmol/L 时，引发剂主要是促进了这些活性位和其他单元的反应；但是当引发剂的浓度过高时，产生自由基并引发聚合的同时也会同时氧化自由基并使自由基失活，从而会导致单体转化率和接枝率下降。综合考虑最佳引发剂用量可选 6mmol/L。

4.3.2.2 活性炭与淀粉质量配比对产品制备的影响

在淀粉为 0.4g，N，N-亚甲基双丙烯酰胺为 0.1g，$K_2S_2O_8$ 为 0.1g，活性炭质量范围为 0.2~1.2g，反应时间为 1h，温度为 25℃ 的条件下，研究活性炭与淀粉质量配比对产品制备的影响，结果如图 4.15 所示。

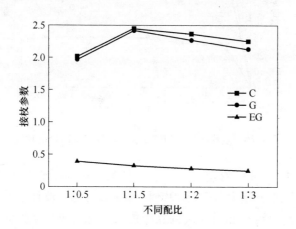

图 4.15 活性炭与淀粉质量配比对产品制备的影响

由图 4.15 可以看出，随着活性炭与淀粉质量比的增大，单体转化率和接枝率先增大后减小，而接枝效率有所下降。

分析认为，一开始随着活性炭质量的增大，它可以提供的比表面积增大，淀粉与 N，N-亚甲基双丙烯酰胺的接触场所增加，所以单体转化率和接枝率增大；但增大到一定程度后，淀粉与 N，N-亚甲基双丙烯酰胺相对量减少，使得三个参数有所减小。综合考虑，最佳反应质量比可以选为淀粉：活性炭 = 1 : 1.5。

4.3.3　改性活性炭对 Cd^{2+} 吸附性能研究

4.3.3.1　不同吸附材料吸附性能比较

在吸附剂投加量为 0.06g，温度为 20℃，摇床振荡频率为 110r/min，吸附时间为 1440min 的条件下，研究淀粉、活性炭、改性活性炭对 Cd^{2+} 吸附的影响，结果如图 4.16 所示。

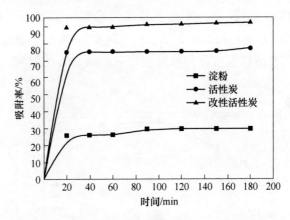

图 4.16　改性活性炭与纯淀粉、活性炭吸附性能比较

由图 4.16 可以看出，淀粉、活性炭、改性活性炭在平衡时对 Cd^{2+} 的去除率分别为 30%、79% 和 96%。可见，改性活性炭的吸附能力明显高于淀粉和活性炭的吸附能力。这主要是活性炭、淀粉及 N，N-亚甲基双丙烯酰胺本身都有吸附性，在淀粉与 N，N-亚甲基双丙烯酰胺接枝并与活性炭复合后，表面官能团更加丰富并产生一定复合效应的，所以更利于对 Cd^{2+} 进行吸附。

4.3.3.2　最佳产品的选取

在吸附剂投加量为 0.06g，温度为 20℃，摇床振荡频率为 110r/

min，吸附时间为 1440min 的条件下，研究制备条件对改性活性炭吸附 Cd^{2+} 的影响，结果见表 4.3。

表 4.3 制备条件与吸附率的关系

引发剂量/g	吸附率/%	活性炭与淀粉质量比	吸附率/%	温度/℃	吸附率/%
0.2	85.44	0.5	85.98	10	96.81
0.3	94.12	1	94.19	20	98.32
0.4	95.79	1.5	96.57	30	95.65
0.5	96.93	2	96.03	40	93.93
0.6	96.44	2.5	95.27	50	90.67
0.7	90.55	3	90.61	60	85.23

由表 4.3 可知，随着引发剂用量、反应温度和活性炭与淀粉质量比的增加，改性活性炭对 Cd^{2+} 的吸附率均呈现先增加后减小的趋势，在引发剂用量为 0.5g，淀粉与活性炭的质量配比约为 1:1.5，反应温度为 20℃ 条件下制得的改性活性炭对 Cd^{2+} 的吸附效果最好，其去除率最高分别为 96.93% 、96.57% 和 98.32% 。

4.3.3.3 时间和温度对复合型吸附剂吸附率的影响

在 Cd^{2+} 溶液初始浓度为 15.0mg/L，吸附剂投加量为 0.06g，温度分别为 20℃ 、30℃ 和 40℃ ，摇床振荡频率为 110r/min，吸附时间分别为 0、10、30、60、90、120、240、360、480 和 1440min 的条件下，研究吸附时间和温度对改性活性炭吸附性能的影响，结果如图 4.17 所示。

由图 4.17 可以看出，在研究范围内，随着时间的延长，Cd^{2+} 溶液在改性活性炭上的吸附率先快速增加，在 90min 后开始增加减慢，直至最后达到吸附平衡。这可能是因为随着温度的提高，Cd^{2+} 溶液的迁移速度增大，加快了改性活性炭外表面吸附水分子的解吸，最后达到吸附和解吸平衡。

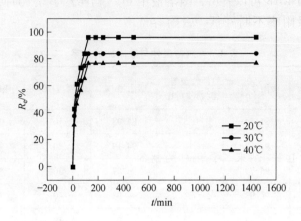

图 4.17　时间和温度对改性活性炭吸附率的影响

4.3.3.4　吸附剂用量的影响

在吸附剂投加量为 0.06g、温度为 20℃，摇床振荡频率为 110r/min、吸附时间为 1440min 的条件下，研究溶液初始浓度对改性活性炭吸附性能的影响，结果如图 4.18 所示。

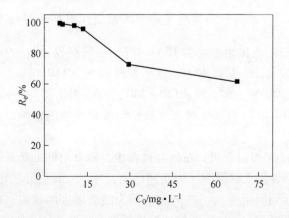

图 4.18　改性活性炭使用量与吸附率的关系

由图 4.18 可以看出，当溶液中 Cd^{2+} 初始浓度增加时，改性活性炭的吸附率不断降低，吸附容量不断增加，属于优惠型吸附过程，这说明高浓度的溶液中离子碰撞机会增加，从而利于吸附过程的进行。

4.4 纳米二氧化硅对镉的吸附特性

4.4.1 实验方法

4.4.1.1 纳米二氧化硅的制备

取 20mL 的正硅酸乙酯、40mL 的无水乙醇放入烧杯 1 内配制成溶液 1；再取 40mL 的蒸馏水、40mL 的无水乙醇和 0.1mol 的标准溶液 4mL 放入烧杯 2 中配制成溶液 2；在 65℃ 恒温磁力搅拌下将溶液 2 慢慢滴入溶液 1 中，形成混合溶液；在恒温磁力搅拌下形成溶胶后将其放入通风橱中 1h，变成凝胶后，放入真空干燥箱中 4h 后至恒重，把干燥后的颗粒放入研钵中研磨成粉末状，最后把粉末状的产物放在马弗炉中，在 400℃ 下煅烧 4h，得到纳米二氧化硅。

4.4.1.2 大量制备实验

取 100mL 的正硅酸乙酯、200mL 的无水乙醇放入烧杯 1 内，配制成溶液 1；再取 200mL 的蒸馏水、200mL 的无水乙醇和 0.1mol 的标准溶液 4mL 放入烧杯 2 中，配制成溶液 2；在 65℃ 恒温磁力搅拌下将溶液 2 慢慢滴入溶液 1 中，形成混合溶液；在恒温磁力搅拌下形成溶胶后将其放入通风橱中 1h，变成凝胶后，放入真空干燥箱中 4h 后至恒重，把干燥后的颗粒放入研钵中研磨成粉末状，最后把粉末状的产物放在马弗炉中，在 400℃ 下煅烧 4h，得到大量的纳米二氧化硅。

4.4.1.3 吸附实验

（1）吸附时间对去除率的影响。取 10 个锥形瓶分别加入 50mL 的浓度为 1g/L 的溶液，然后每个锥形瓶中加入 1g 的纳米二氧化硅，在振荡时间 10min、20min、30min、45min、60min、1.5h、2h、3h、

5h、8h、10h 下分别取样, 放入离心机中 3600r/min 离心 15min, 分别放入试管中, 用原子分光光度计测其吸光度。

(2) 吸附温度对去除率的影响。取 4 个锥形瓶各加入 50mL 质量浓度为 1g/L 的 Cd^{2+} 溶液, 然后分别加入吸附剂纳米二氧化硅各 1.0g, 最佳吸附时间下, 在吸附温度为 20℃、30℃、40℃和 50℃下分别进行吸附实验, 其他吸附条件不变, 离心 15min, 用原子分光光度计测其吸光度, 得到溶液剩余浓度, 计算 Cd^{2+} 去除率。

(3) 溶液 pH 值对去除率的影响。分别取 7 个锥形瓶各加入 50mL 质量浓度为 1g/L 的 Cd^{2+} 溶液, 然后分别加入吸附剂纳米二氧化硅各 1.0g, 在最佳吸附时间和吸附温度下, 改变溶液的 pH 值, 分别在 pH = 2.03、2.97、3.82、4.68、5.07、6.03、6.99 条件下进行吸附实验, 其他吸附条件不变, 离心 15min, 用原子分光光度计测其吸光度。得到溶液剩余浓度, 计算 Cd^{2+} 去除率。

(4) 溶液初始质量浓度对去除率的影响。取 9 个锥形瓶分别加入 50mL 不同质量浓度的 Cd^{2+} 溶液, 然后分别加入吸附剂纳米二氧化硅各 1.0g。在最佳吸附时间、吸附温度和最佳溶液 pH 值下进行吸附实验, 其他吸附条件不变。离心 15min, 用原子分光光度计测其吸光度。得到溶液剩余浓度, 计算 Cd^{2+} 去除率。

4.4.2　纳米二氧化硅对镉的吸附性能

4.4.2.1　吸附时间对去除率的影响

在 Cd^{2+} 溶液初始浓度为 1.0g/L, 吸附剂投加量为 1.0g、温度为 30℃、摇床振荡频率为 110r/min、溶液 pH = 5, 吸附时间为 10min、20min、30min、45min、60min、1.5h、2h、3h、5h、8h、10h 的条件下, 研究吸附时间对纳米二氧化硅吸附性能的影响, 结果如图 4.19 所示。

由图 4.19 可以看出, 在吸附开始的 2h 内, 吸附剂纳米二氧化硅的吸附速率比较高, 去除率达到了 15% 左右; 随后吸附速率稍微减慢, 在 10h 左右基本达到吸附平衡。Cd^{2+} 的去除率为 26.4% 。这是因为此时的吸附速率和解吸速率基本相等, 达到动态平衡的结果。

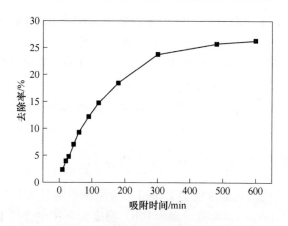

图 4.19 吸附时间与去除率的关系

4.4.2.2 吸附温度对去除率的影响

在 Cd^{2+} 溶液初始浓度为 1.0g/L，吸附剂投加量为 1.0g，摇床振荡频率为 110r/min，吸附时间为 10h，溶液 pH = 5，温度分别为 20℃、30℃、40℃和 50℃的条件下，研究吸附温度对纳米二氧化硅吸附性能的影响，结果如图 4.20 所示。

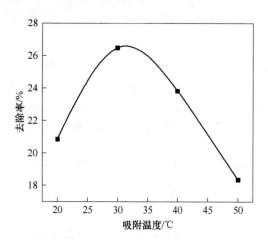

图 4.20 吸附温度与去除率的关系

由图 4.20 可知，开始随着温度的升高，离子的去除率逐渐增加，当温度为 30℃ 时，Cd^{2+} 的去除率达到最大值；当温度大于 30℃ 时，去除率有所降低。这是因为温度对吸附速率和平衡有一定影响，随着温度的升高，吸附效果提高。但吸附是一个放热过程，当温度过高时，有利于解吸过程的进行。所以吸附温度不宜过高，在 30℃ 时最佳。

4.4.2.3 溶液 pH 值对去除率的影响

在 Cd^{2+} 溶液初始浓度为 1.0g/L，吸附剂投加量为 1.0g，摇床振荡频率为 110r/min，吸附时间为 10h，温度为 30℃ 的条件下，研究溶液 pH 值对纳米二氧化硅吸附性能的影响，结果如图 4.21 所示。

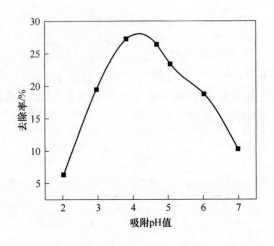

图 4.21 溶液 pH 值与去除率的关系

由图 4.21 可知，当 pH 值小于 4 时，随着 pH 值的增大，Cd^{2+} 去除率增大，为 27% 左右；随后，在 pH = 4.28 时，达到最大值，为 27.5% 左右；当 pH 值大于 4.28 时，去除率有所下降。所以中性和碱性条件不是吸附的最佳条件，最佳的吸附条件是酸性，即 pH 值在 4~5 之间。

4.4.2.4 溶液初始质量浓度对去除率的影响

在 Cd^{2+} 溶液初始浓度为 $0 \sim 1.8g/L$，吸附剂投加量为 $1.0g$，摇床振荡频率为 $110r/min$，吸附时间为 $10h$，溶液 $pH = 5$，温度为 $30℃$ 的条件下，研究 Cd^{2+} 溶液初始浓度对纳米二氧化硅吸附性能的影响，结果如图 4.22 所示。

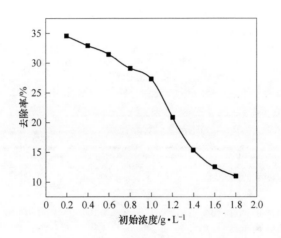

图 4.22 溶液初始浓度与去除率的关系

由图 4.22 可知，随着溶液初始质量浓度的增大，Cd^{2+} 的去除率逐渐降低，在 $0.2g/L$ 时去除率最大，为 34.5%；之后下降到 $1.8g/L$ 时，去除率为 11% 左右，说明溶液初始质量浓度的改变对吸附剂纳米二氧化硅的吸附性有很大的影响。

4.4.2.5 吸附剂的吸附动力学研究

通过本节实验得到不同时刻 Cd^{2+} 吸附量和平衡吸附量，即可计算出不同时刻 $\ln(Q_e - Q_t)$ 的值和 t/Q_t 的值，得到一系列实验数据点，对这些数据点进行一级动力学和二级动力学拟合[36]，便得到图 4.23。

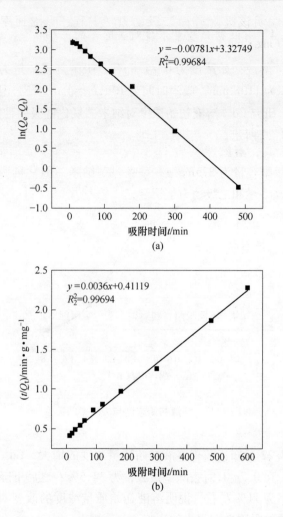

图 4.23　纳米二氧化硅吸附 Cd^{2+} 的一级和二级动力学拟合

由图 4.23 (a) 可知，一级动力学拟合直线方程为 $y = -0.00781x + 3.32749$，$R_1^2 = 0.99684$，一级吸附速率常数 $k_1 = 0.00781 min^{-1}$。由图 4.23 (b) 可知二级动力学拟合直线方程为 $y = 0.0036x + 0.41119$，$R_2^2 = 0.99694$，$k_2 = 0.00156 g/(mg \cdot min)$。

比较一级和二级动力学拟合，相关系数 $R_1^2 = 0.99684 < R_2^2 =$

0.99694，说明该吸附遵循二级动力学方程，吸附速率常数 $k_2 =$ 0.00156g/（mg·min）。

4.4.3 小结

本节进行了吸附剂纳米二氧化硅的最佳合成条件的研究，并就其对 Cd^{2+} 的吸附性能进行了各种实验。结论如下：当吸附温度为 30℃，pH 值为 4.28，溶液浓度为 1g/L，Cd^{2+} 的去除率达到最大值，为 27.5%，吸附容量为 275mg/g。对吸附剂纳米二氧化硅吸附 Cd^{2+} 进行了一级动力学和二级动力学拟合，结果表明其吸附行为更遵循二级动力学方程。

4.5 不同吸附剂吸附镉的比较

不同吸附材料对镉离子的吸附能力的比较见表 4.4。

表 4.4 不同吸附材料对镉离子的吸附能力的比较

吸 附 材 料	Q_{max}/mg·g^{-1}	pH	t/℃	Cd/mg·L^{-1}	参考文献
改性小麦壳	26.74	5.0~8.0		200	[37]
高锰酸钾改性小麦秸秆	30.21	6.0	45	80	[38]
微波辅助改性稻壳	150.95	7.0	15	50	[39]
互花米草活性炭	47.85	≥8.0	700	40	[40]
磁性生物炭负载 Mg-Fe 水滑石	263.156	>4.0	25	100	[41]
改性城市污泥水热炭	41.29	5.0	220	50	[42]
垫料生物炭	21.52	4.5~7.5	400	10	[43]
昔格达土	29.40	8.0	35	500	[44]
纳米羟基铁改性阳离子树脂	282	8.0	30	25	[45]
多孔性 Mn_3O_4	12.80	5.5	40	10	[46]
废弃茶叶渣	4.71	7.0	75	50	[47]
硼掺杂微介孔碳球	41.9	5.0	25	50	[48]
高分子空心微球	75	<4.0	180	20	[49]

续表4.4

吸 附 材 料	$Q_{max}/mg \cdot g^{-1}$	pH	$t/℃$	$Cd/mg \cdot L^{-1}$	参考文献
紫苏基活性炭	46.083	5.0	400	50	[50]
风化煤提取的胡敏酸	137.37	6.0	25	80	[21]
四尾栅藻	22.92	6.0	28	10	[51]
巯基有机硅烷嫁接高岭石	4.375	4.0 ~ 8.0	25	6	[52]
酸碱复合改性海泡石	142.43	7.0	45	100	[53]
ZLS	23.11	7	25	0 ~ 500	本书
改性活性炭	14.4	7	20	0 ~ 15	本书
纳米二氧化硅	275	4.28	30	0 ~ 1000	本书

由表4.4可以发现，不同吸附材料吸附镉离子的最佳吸附 pH 值大多集中在 5.0 ~ 7.0 之间，最佳吸附温度在 25 ~ 30℃之间，本节研究中制备的纳米二氧化硅与其他吸附材料相比具有较高的吸附容量。

参 考 文 献

[1] 王璞，闵小波，柴立元. 含镉废水处理现状及其生物处理技术的进展 [J]. 工业安全与环保，2006，32 (8)：14 - 17.

[2] 李春华. 国内离子交换法处理氰化镉废水的现状及改进意见 [J]. 离子交换与吸附，1994，5：443 - 446.

[3] 车荣窨. 离子交换法在治理含镉废水中的应用 [J]. 离子交换与吸附，1993，(3)：276.

[4] 程云雷. EDTA 螯合树脂的合成及表征研究 [D]. 广州：广东工业大学，2016.

[5] 付永胜，赵君凤，王群，等. 木质素离子交换树脂对重金属离子的吸附效能 [J]. 环境工程学报，2016，10 (08)：4314 - 4318.

[6] 王照贺，丁世磊，李福威，等. 磁性离子交换树脂 (PMMA-DVB-GMA) 的制备及其对 Cd - (2 +) 的吸附特性研究 [J]. 应用化工，2018，47 (11)：72 - 76.

[7] 黄志平. 含镉废水处理方法研究 [C] // 中国化学会. 第五届全国"公共安全领域中的化学问题"暨第三届危险物质与安全应急技术研讨会论文集.

2015: 5.

[8] 曾江萍, 汪模辉. 含镉废水处理现状及研究进展 [J]. 内蒙古石油化工, 2007 (11): 5-7.

[9] Landaburu-Aguirre J, Pongrácz E, Perämäki P, et al. Micellar-enhanced ultrafiltration for the removal of cadmium and zinc: use of response surface methodology to improve understanding of process performance and optimisation [J]. Journal of hazardous materials, 2010, 180 (1-3): 524-534.

[10] Marder L, Sulzbach G O, Bernardes A M, et al. Removal of cadmium and cyanide from aqueous solutions through electrodialysis [J]. Journal of the Brazilian Chemical Society, 2003, 14 (4): 610-615.

[11] 王岩, 王玉军, 骆广生, 等. 中空纤维膜萃取镉离子的研究 [J]. 化学工程, 2002, 30 (5): 62-66.

[12] 钟溢健. 三种高通量膜去除水中镉离子性能的研究 [D]. 哈尔滨: 哈尔滨工业大学, 2015.

[13] Mortaheb H R, Kosuge H, Mokhtarani B, et al. Study on removal of cadmium from wastewater by emulsion liquid membrane [J]. Journal of Hazardous Materials, 2009, 165 (1-3): 630-636.

[14] 张荣良. 处理硫酸生产含镉、砷废水的试验研究 [J]. 硫酸工业, 1997, (5): 18.

[15] 单丽梅, 吴菊英, 张玉波. 不同沉淀剂处理含镉废水试验研究 [J]. 湿法冶金, 2016 (5): 444-446.

[16] 李萌, 张翔宇. 电絮凝法处理电镀废水中重金属的研究 [J]. 安全与环境学报, 2016, 16 (1): 217-220.

[17] 李爽, 邱春生, 孙力平, 等. 铝板电絮凝法去除重金属离子 Cd^{2+} 和 Ni^{2+} [J]. 环境工程学报, 2016, 10 (6): 2855-2861.

[18] 罗来盛, 周美华. 微波活化制备加拿大一枝黄花活性炭及对 Cd(Ⅱ) 的吸附 [J]. 环境化学, 2012, 6 (5): 1543-1547.

[19] Li B, Yang L, Wang C, et al. Adsorption of Cd(Ⅱ) from aqueous solutions by rape straw biochar derived from different modification processes [J]. Chemosphere, 2017, 175: 332-340.

[20] 王璞, 闵小波, 柴立元. 含镉废水处理现状及其生物处理技术的进展 [J]. 工业安全与环保, 2006, 32 (8): 14-17.

[21] 王正芳, 郑正, 罗兴章, 等. 互花米草活性炭对镉的吸附 [J]. 环境化学, 2011, 30 (6): 1081-1086.

[22] 李清彪, 刘刚, 胡月琳, 等. 黄孢展齿革菌对镉离子的吸附 [J]. 离子交换与吸附, 2001, 17 (6): 501-506.

[23] 邱廷省, 成先雄. 啤酒酵母吸附镉离子的试验研究 [J]. 环境污染与防治, 2004, 26 (2): 95-97.

[24] 魏蓝, 朱月芳, 史广宇, 等. 壬基酚对一株铜绿假单胞菌吸附镉的影响 [J]. 中国环境科学, 2016, 36 (11): 3495-3501.

[25] 喻涌泉, 黄魏魏, 董建江, 等. 硝基还原假单胞菌吸附重金属镉的机理研究 [J]. 中国环境科学, 2017, 37 (6): 2232-2238.

[26] Daifullah A A M, Yakout S M, Elreefy S A. Adsorption of fluoride in aqueous solutions using $KMnO_4$-modified activated carbon derived from steam pyrolysis of rice straw [J]. Journal of Hazardous Materials, 2007, 147 (1-2): 633-643.

[27] Tiwari D, Laldanwngliana C, Choi C H, et al. Manganese-modified natural sand in the remediation of aquatic environment contaminated with heavy metal toxic ions [J]. Chemical Engineering Journal, 2011, 171 (3): 958-966.

[28] 林芳芳. 改性花生壳对水中 Cd^{2+} 和 Pb^{2+} 的吸附特性研究 [D]. 长沙: 湖南大学, 2011.

[29] Liang P, Jiang Z C, Hu B, et al. Nanometer Titanium Dioxide Preconcentration and Inductively Coupled Plasma Atomic Emission Spectrometry Determination of Rare Earth Elements [J]. Anal Sci, 2001, 17 (supplement): a333-a335.

[30] Li D, Liu Q, Yu L, et al. Correlation between interfacial interactions and mechanical properties of PA-6 doped with surface-capped nano-silica [J]. Applied Surface Science, 2009, 255 (18): 7871-7877.

[31] Zhang L, Chang X, Hu Z, et al. Selective solid phase extraction and preconcentration of mercury (Ⅱ) from environmental and biological samples using nanometer silica functionalized by 2, 6-pyridine dicarboxylic acid [J]. Microchimica Acta, 2010, 168 (1-2): 79-85.

[32] 张军丽, 张燕, 潘庆才. 合成壳聚糖/DNS 杂化材料及吸附重金属 Pb^{2+} 的性能研究 [J]. 应用化工, 2011, 40 (2): 225-228.

[33] 张国庆, 尹振燕, 王丽, 等. 纳米 SiO_2/凹土复合材料的制备以及吸附性能 [J]. 现代化工, 2012, 32 (1): 46-49.

[34] 范春辉, 张颖超, 花莉. 吸附动力学和吸附热力学粉煤灰基沸石对亚甲基蓝和 Cr(Ⅲ) 的共吸附行为—Ⅰ. 吸附动力学和吸附热力学 [J]. 环境工程学报, 2012, 6 (11): 3923-3927.

[35] 刘元伟，张红红，谢彦. 沸石负载纳米二氧化硅对 Cd^{2+} 的吸附动力学 [J]. 环境工程学报，2015，9（5）：2243－2246.

[36] 刘元伟，贾冬梅，杨仲年. 沸石负载淀粉对 Pb^{2+}、Cu^{2+} 和 Ni^{2+} 的吸附性能 [J]. 环境工程学报，2013，7（11）：4393－4398.

[37] 梁东旭，罗春燕，周鑫，等. 改性小麦壳对水溶液中 Cd^{2+} 的吸附研究 [J]. 农业环境科学学报，2015，34（12）：2364－2371.

[38] 解宇峰，程德义，石佳奇，等. 高锰酸钾改性小麦秸秆吸附 Cd^{2+} 的性能研究 [J]. 生态与农村环境学报，2019，35（5）：668－674.

[39] 姜星颖，曲建华，孟宪林. 微波辅助改性稻壳的制备及其对 Cd（Ⅱ）的吸附特性 [J]. 环境工程，2019，37（5）：56－60.

[40] 符剑刚，贾阳，李政，黄叶钿，王晓波，赵迪. 磁性生物炭负载 Mg-Fe 水滑石的制备及其吸附水中 Cd（Ⅱ）和 Ni（Ⅱ）的性能 [J]. 化工环保. http：//kns. cnki. net/kcms/detail/11. 2215. x. 20190822. 1738. 018. html21.

[41] 王航，杨子健，刘阳生. 改性城市污泥水热炭对铜和镉的吸附实验 [J]. 环境工程，2019，37（5）：4－11.

[42] 王俊超. 垫料生物炭对水土环境中重金属污染的修复研究 [D]. 扬州：扬州大学，2016.

[43] 卢慧林，黄艺，刘再冬，等. 昔格达土对水相中 Cd（Ⅱ）的吸附研究 [J]. 科学技术与工程，2016，16（4）：118－123.

[44] 谭雪云，李冰，李平，等. 纳米羟基铁改性阳离子树脂制备及去除 Cd（Ⅱ）[J]. 水处理技术，2019，45（6）：56－60.

[45] 李长安，刘伟，陈上. 多孔性 Mn_3O_4 的制备及其对水中镉的吸附 [J]. 环境工程学报，2013，7（2）：535－540.

[46] 张军科，都庆菊，江长胜，等. 废弃茶叶渣对废水中铅（Ⅱ）和镉（Ⅱ）的吸附研究 [J]. 中国农学通报，2009，25（4）：256－259.

[47] 余荣台，徐德涛，马湘，等. 高分子空心微球的合成及其废水镉微污染物吸附性能 [J/OL]. 环境工程学报. http：//kns. cnki. net/kcms/detail/11. 5591. x. 20190601. 1228. 014. html

[48] 陈锋，张谋，朱颖，等. 硼掺杂微介孔碳球对镉的吸附特性及机理 [J]. 生态环境学报，2019（6）：1193－1200.

[49] 郑梅琴，彭军，林瑞余，等. 紫苏基活性炭对铅镉二元离子的吸附研究 [J]. 江西农业大学学报，2019（9）：1－9.

[50] 孟凡德，袁国栋，韦婧，等. 风化煤提取的胡敏酸对镉的吸附性能及其应用潜力 [J]. 浙江大学学报（农业与生命科学版），2016，42（4）：

460 – 468.

[51] 肖婉露, 程金凤, 郭瑞军, 等. 四尾栅藻 (Scenedesmus quadricauda) 对 Cd (Ⅱ) 的吸附效率及吸附动力学研究 [J]. 农业环境科学学报, 2016 (8): 1595 – 1601.

[52] 李骁, 吴宏海, 宋振豪, 等. 巯基有机硅烷嫁接高岭石对 Cd (Ⅱ) 的吸附性能研究 [J]. 岩石矿物学杂志, 2017, 36 (6): 865 – 872.

[53] 谢厦, 徐应明, 闫翠侠, 等. 酸碱复合改性海泡石亚结构特征及其对 Cd (Ⅱ) 吸附性能 [J]. 环境科学. https://doi.org/10.13227/j. hjkx. 20190622620.

5 水中铬的去除

5.1 水中铬离子的去除研究进展

铬作为一种重金属元素，是生物体所必需的微量元素，但过量会对其产生毒害作用。在含铬矿石的加工、皮革鞣制、电镀、印染等工业生产过程中，会有大量的铬（主要是 Cr(VI)）进入环境[1]。其中水是铬进入环境的重要途径之一，铬在水中主要以三价和六价的形式存在，然而 Cr(VI) 的毒性比 Cr(III) 高 100 倍，迁移性强更容易被人体吸收并在体内富集，进而致癌、致畸变。世界卫生组织(WHO)规定饮用水中总铬浓度应低于 0.05mg/L，我国《生活饮用水卫生标准》(GB 5749—2006) 中规定铬(VI)限值为 0.05mg/L。

在水体中，Cr(VI) 一般以 CrO_4^{2-}、$HCrO_4^-$ 和 $Cr_2O_7^{2-}$ 三种阴离子形式存在，受水体中 pH 值、有机物、氧化还原物质、温度及硬度等条件影响，Cr(VI) 的化合物形态按下列方式可以相互转化：

$$2CrO_4^{2-} + 2H^+ \Longrightarrow 2HCrO_4^- \Longrightarrow Cr_2O_7^{2-} + H_2O$$

含铬废水的处理根据处理途径不同可以分为间接法和直接法两类。间接法是通过化学反应使 Cr(VI) 转变为低毒易沉淀的 Cr(III)，再进一步去除 Cr(III)。直接法是借助分离材料直接将 Cr(VI) 与水分离。常见的去除水中 Cr(VI) 方法按照去除原理的不同又可分为化学还原沉淀法、电化学法、吸附法、膜分离法、光催化法、生物法等[2~6]。化学还原法具有反应速度快和操作简便的优点，但污泥产量大。电化学法产生污泥量较少，无需一直消耗化学试剂，但是运行过程耗电多，处理成本较高。吸附法具有操作简单、选择性好的优点，但吸附容量低。膜分离技术能耗低、操作方便，需要前处理或者与其他方法联用，且存在膜污染问题。光催化还原具有低成本、环境友好等特点，但是实际运行过程中存在着材料催化活性低、太阳光利用率不高等问题。生物法具有经济性和环境友好性的特点，但是反应速度慢。吸附法因操作简单、吸附剂可再生、无二次污染、适用范围广等优点而受到研究者的广泛关注。

　　国内外研究的吸附材料种类有很多，例如活性炭、黏土矿物类吸附剂、树脂、介孔硅材料、生物吸附剂等[7~11]。

　　（1）树脂去除铬研究。离子交换树脂是一类带有可离子化基团的三维网状高分子材料。根据功能的不同可以分为阳离子交换树脂、阴离子交换树脂、氧化还原树脂、两性树脂、螯合树脂五大类。根据树脂物理结构的不同可把离子交换树脂分为凝胶型、大孔型和载体型三类。杨金杯等人[12]采用强酸性阳离子交换树脂 001×14.5 吸附铬（Ⅲ），用 1mol/L 的硫酸对吸附后的饱和树脂进行脱附再生，脱附率可达 99%。杨金杯等人[13]研究了磁性纤维素胺基树脂吸附铬离子，磁性纤维素胺基树脂吸附铬离子后，用 10% 的氨水解吸，表现出较好的再生能力。Liu 等人[14]报道了一种螯合树脂去除水中铬，其吸附能力非常强，吸附速率快。

　　（2）其他吸附材料去除铬。Sharma 等人[15]利用河砂吸附含铬工业废水，结果表明在 pH=2.5 时，其对 Cr（Ⅵ）去除率随浓度的减小而增加，吸附速率常数随温度的增加而下降；赵勇等人[16]研究了活性炭、蜂窝煤渣、酵母、粉煤灰和蛭石对 Cr（Ⅵ）的吸附效果，其中活性炭对 Cr（Ⅵ）的去除率为 99.78%，吸附效果最佳，而其他物质的吸附量为活性炭最大吸附量的 52.37%、94.84%、45.11% 和 37.67%。裴凯栋等人[17]利用碳纳米管吸附水中的 Cr（Ⅵ），发现六价铬浓度在 300~700mg/L 时，碳纳米管的吸附量变化不大，继续增大其浓度，吸附量将呈现下降趋势，且酸性条件有利于吸附 Cr（Ⅵ），碳纳米管对铬的吸附量为活性炭的 2~6 倍。

　　吸附材料它们凭借其较大的比表面积和活性表面对铬离子产生吸引作用，以达到净化废水中铬（Ⅵ）目的。吸附法作为更绿色环保的分离技术，核心在于寻找容量高、选择性好的高效吸附剂。然而，在对水中重金属离子的吸附处理中，也少有吸附材料既有较大的吸附量又有较好的选择性。

5.2　D201Fe 复合树脂的制备及对铬的吸附特性

5.2.1　实验方法

5.2.1.1　复合树脂的制备

　　D201Fe 复合树脂的制备：配制 1mol/L NaCl、7.3% HCl 和 $FeCl_3$

（浓度分别为0.1mol/L、0.2mol/L和0.3mol/L），定容到100mL容量瓶中，将配好的溶液倒入250mL锥形瓶中，加入3g预处理好的D201树脂，放入水浴恒温振荡器中（25℃、100r/min）摇24h，树脂负载上Fe^{3+}；取出锥形瓶，吸出上清液，配制0.2mol/L硼氢化钠溶液，用硼氢化钠溶液冲洗树脂（不冒泡为止），将Fe^{3+}还原为零价态；然后用无水乙醇冲洗两遍，最后将树脂放入电热鼓风干燥箱内（40℃）烘24h后置于密封袋中待用。为使用方便，将不同浓度的复合树脂D201Fe分别命名为D201Fe-1、D201Fe-2和D201Fe-3。

5.2.1.2　吸附实验

用25mL移液管量取25mL已知浓度的Cr(Ⅵ)溶液，加入0.025g树脂，放入水浴恒温振荡器中（25℃、100r/min）摇荡吸附，平衡后过滤，用原子吸收分光光度计测定溶液中铬的吸光度，并计算吸附容量q_e。

5.2.2　D201Fe-1 树脂的表征

5.2.2.1　红外分析

D201树脂和D201Fe复合树脂和吸附后的红外光谱如图5.1所示。

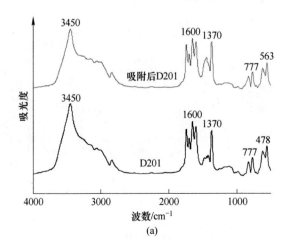

(a)

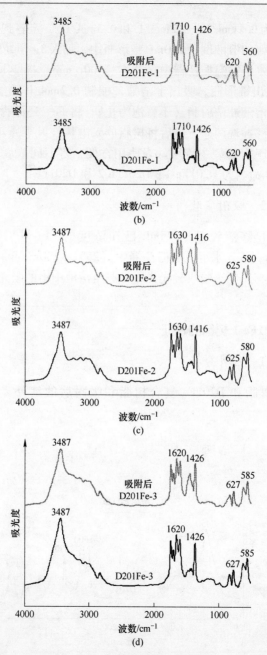

图 5.1　D201 和 D201Fe 红外谱图

由图 5.1 可以看出，吸附前后的红外光谱曲线形状变化不大。D201 和 D201Fe 树脂在 1700 ~ 1400cm^{-1} 处均出现苯环骨架的振动吸收峰，在 2950 ~ 3050cm^{-1} 附近出现的峰是由饱和 C—H 的伸缩振动引起的，1548cm^{-1} 附近处有 N—H 弯曲振动吸收峰，表明树脂上具有胺基存在；在 3350 ~ 3550cm^{-1} 附近处为 OH 基团伸缩振动吸收峰[11]。D201Fe - 1、D201Fe - 2 和 D201Fe - 3 在 550 ~ 690cm^{-1} 均出现了 Fe—O 的特征吸收峰，表明 D201Fe 树脂上已成功负载了零价铁。

5.2.2.2 BET 分析

三种树脂的比表面积、孔容和平均孔径等参数见表 5.1。

表 5.1 不同树脂 BET 参数

类 型	D201	D201Fe-1
比表面积/m^2 · g^{-1}	5.259	10.252
孔容/cm^3 · g^{-1}	0.04	0.064
平均孔径/nm	354.164	247.81

由表 5.1 可知，树脂 D201 和 D201Fe-1 的比表面积分别为 5.259m^2/g 和 10.252m^2/g。D201Fe-1 复合树脂和 D201 树脂相比，比表面积增大了 4.993m^2/g，孔容增大了 0.01cm^3/g，平均孔径减小了 106.354nm，可能原因是先负载 Fe^{3+} 后在加硼氢化钠还原过程中，有气泡产生，气泡将 Fe^{3+} 从树脂孔道内排到表面上去，孔容变大，比表面积会变大的原因可能是因为零价铁颗粒附着在 D201 树脂的内外表面，从而使得比表面积变大；而孔径变小是因为零价铁颗粒进入树脂内部孔道，占据了 D201 树脂内部空间。

5.2.3 D201Fe 复合树脂对铬的吸附性能

5.2.3.1 不同 D201Fe 对 Cr(Ⅵ) 的吸附等温线

在 Cr(Ⅵ)溶液初始浓度为 50mg/L、100mg/L、150mg/L、200mg/L、300mg/L 和 400mg/L，吸附剂投加量为 0.025g、温度为 25℃、摇床振荡频率为 100r/min、吸附时间为 24h 和溶液 pH = 6 的条件下，研究不同 D201Fe 对 Cr(Ⅵ) 的吸附等温线，结果如图 5.2 所示。

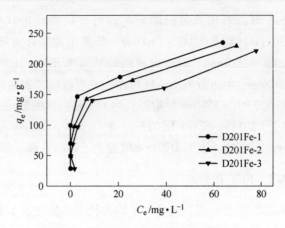

图 5.2　不同 D201Fe 树脂的吸附等温线

由图 5.2 可以看出，D201Fe-1 对 Cr(Ⅵ) 的吸附容量较 D201Fe-2 和 D201Fe-3 高。Cr(Ⅵ) 浓度为 200mg/L 时，298K 下，D201Fe-1、D201Fe-2 和 D201Fe-3 的去除率分别为 89.6%、87.1% 和 80.5%。因此，D201Fe 中 Fe 含量的增加，使其对 Cr(Ⅵ) 的去除率下降，表明树脂表面负载的零价铁的量不宜过多，如果过多可能会导致吸附孔径变小，不利于孔道内 Cr(Ⅵ) 的吸附。

对吸附实验数据采用 Langmuir 和 Freundlich 模型进行模拟，结果如图 5.3 和表 5.2 所示。

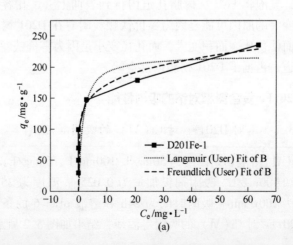

(a)

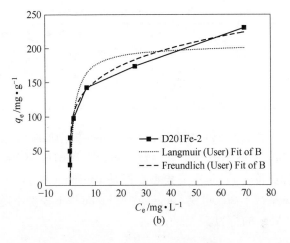

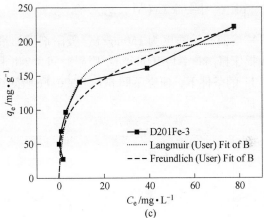

图 5.3　D201Fe-1、D201Fe-2 和 D201Fe-3
树脂吸附 Cr(Ⅵ) 的等温线模拟

表 5.2　D201Fe 树脂吸附 Cr(Ⅵ) 的 Langmuir 和 Freundlich 模拟参数

模　型		D201Fe-1	D201Fe-2	D201Fe-3
Langmuir	$q_{max}/mg \cdot g^{-1}$	44.73	205.34	208.94
	$b/L \cdot mg^{-1}$	193.53	0.58	0.23
	R^2	0.29	0.69	0.75

续表 5.2

模　　型		D201Fe-1	D201Fe-2	D201Fe-3
Freundlich	$k/\text{mg} \cdot \text{g}^{-1}$	39.79	95.38	59.42
	n	20.25	4.97	3.35
	R^2	0.32	0.86	0.77

由图 5.3 和表 5.2 可以看出，Freundlich 模型的拟合相关系数略高于 Langmuir 模型模拟的相关系数。所以，D201Fe 树脂对 Cr(Ⅵ) 的吸附过程更符合 Freundlich 模型。但是 Langmuir 和 Freundlich 模型模拟的相关系数不高，可见 Langmuir 和 Freundlich 模型不适合描述树脂吸附 Cr(Ⅵ) 的行为。

5.2.3.2　pH 值对去除 Cr(Ⅵ) 的影响

在 Cr(Ⅵ) 溶液初始浓度为 150mg/L，吸附剂投加量为 0.025g，温度为 25℃，摇床振荡频率为 100r/min，吸附时间为 24h 和溶液 pH = 3、5、7、9、11 的条件下，研究不同 pH 对 D201Fe 吸附性能的影响，结果如图 5.4 所示。

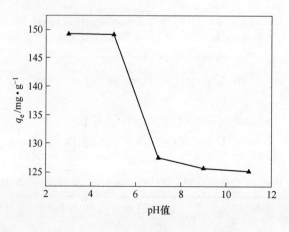

图 5.4　pH 值对 D201Fe 的吸附影响

由图 5.4 可知，在酸性条件下（pH < 5），D201Fe 树脂对 Cr(Ⅵ)

的吸附容量均能保持较高水平，去除率接近100%；当5 < pH < 7时，树脂对Cr(Ⅵ)的吸附容量迅速降低；pH > 7时，树脂对Cr(Ⅵ)的吸附容量缓慢降低。可能原因是在pH < 5时，Cr(Ⅵ)主要存在形式为$HCrO_4^-$、$Cr_2O_7^{2-}$，较容易吸附；pH > 7时，Cr(Ⅵ)主要存在形式为CrO_4^{2-}不易被吸附，溶液中的OH^-浓度变大，与Cr(Ⅵ)离子形成竞争吸附，抑制Cr(Ⅵ)的去除。因此，pH对树脂吸附Cr(Ⅵ)的影响较大，在酸性条件下，树脂对Cr(Ⅵ)的去除效果较好。

5.2.3.3 反应时间对去除Cr(Ⅵ)的影响

在Cr(Ⅵ)溶液初始浓度为50mg/L、150mg/L和250mg/L，吸附剂投加量为0.025g，温度为25℃，摇床振荡频率为100r/min和溶液pH = 5的条件下，研究吸附时间对D201Fe吸附性能的影响，结果如图5.5所示。

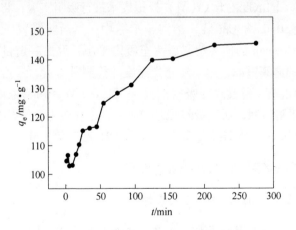

图5.5 反应时间对D201Fe-1树脂的吸附影响

由图5.5可以看出，树脂D201Fe-1对Cr(Ⅵ)的吸附在120min左右即可完成大部分吸附，随着时间的延长吸附速率逐渐减慢，最终在275min左右趋于平衡；当吸附时间为55min时，D201Fe-1的吸附容量占总吸附容量的83%；吸附时间为155min时，吸附容量均占总吸附容量的90%以上。可能原因是，在吸附的初始阶段，树脂表面有充足的可利用吸附位点，Cr(Ⅵ) 在树脂上的吸附量迅速增加，随着反应的进行，吸附位点越来越少，速率减慢。由此可知，树脂对 Cr(Ⅵ) 的吸附反应是一个非常快速的过程，随着时间的增加，吸附效率逐渐降低，最终达到平衡。

5.3　柽柳茎对铬的吸附特性

5.3.1　铬初始浓度的影响

5.3.1.1　吸附剂的制备和筛选

将柽柳茎用蒸馏水洗涤数次，于空气鼓风干燥箱中烘干，然后彻底粉碎，过筛，待用。

5.3.1.2　吸附试验

配置不同浓度的含 Cr(Ⅵ) 模拟废水进行吸附实验；将一定量吸附剂加到 50mL 含 Cr(Ⅵ) 溶液锥形瓶中；然后将其置于振荡摇床中，以 110r/min 的振荡频率振荡至吸附平衡；取出一定量的溶液用 0.45μm 的滤膜过滤，用紫外分光光度计检测其浓度，考察吸附剂吸附容量的影响。通过改变吸附剂投加量、Cr(Ⅵ) 初始浓度、温度、pH 值和吸附时间，研究吸附等温线、动力学和热力学的影响。其中，实验中用 0.1mol/L HCl 和 0.2mol/L NaOH 调节溶液 pH。

5.3.2　柽柳茎对 Cr(Ⅵ) 的吸附性能

5.3.2.1　pH 值对吸附效果的影响

由于溶液 pH 值的不同，铬离子的存在形态也不同，且关系到吸附剂表面质子化程度和表面电荷的多少。在 Cr(Ⅵ) 溶液初始浓度为 50mg/L，吸附剂投加量为 0.01g，温度为 298K 下，摇床振荡频率为 110r/min，吸附时间为 24h 的条件下，研究溶液 pH 值对柽柳茎吸附性能的影响，结果如图 5.6 所示。从图中可以看出，随 pH 值的增加，柽柳茎对 Cr(Ⅵ) 的吸附容量总体为下降趋势。pH 值较低时柽柳茎对 Cr(Ⅵ) 的吸附能力较强，在 pH = 3 时吸附量达到最大值

24.37mg/g；当 pH 大于 3 时，吸附量显著降低。这主要是因为 pH 值不同时，Cr(Ⅵ) 会以 HCrO$_4^-$、CrO$_4^{2-}$ 等形式存在，当 pH = 4 时，溶液中的 Cr(Ⅵ) 主要是以 HCrO$_4^-$ 的形式存在，与柽柳茎表面的官能团发生静电吸引作用，因此吸附能力较高；当 pH > 6 时，溶液中 Cr(Ⅵ) 主要以 CrO$_4^{2-}$ 形式存在，OH$^-$ 浓度的增大会与 CrO$_4^{2-}$ 产生竞争吸附。可见，柽柳茎吸附 Cr(Ⅵ) 的最佳 pH 为 3。

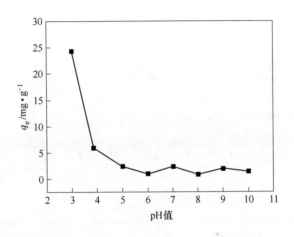

图 5.6　pH 值对柽柳茎吸附 Cr(Ⅵ) 的影响

5.3.2.2　Cr(Ⅵ) 初始浓度对吸附效果的影响

在 Cr(Ⅵ) 初始浓度为 0 ~ 50mg/L，吸附剂投加量为 0.01g，温度为 298K，摇床振荡频率为 110r/min，吸附时间为 24h，pH = 3 的条件下，研究 Cr(Ⅵ) 初始浓度对柽柳茎吸附性能的影响，其结果如图 5.7 所示。由图 5.7 可以看出，随着溶液中 Cr(Ⅵ) 初始浓度的增加，柽柳茎对 Cr(Ⅵ) 的平衡吸附容量几乎呈现直线增加的趋势。当溶液初始浓度为 50mg/L 时，其平衡吸附容量为去除率出现最大值，为 90.75%；当溶液初始浓度为 50mg/L 时，其去除率降到 97.48%。由图 5.7 还可以看出，随着溶液中 Cr(Ⅵ) 初始浓度的增加，柽柳茎对 Cr(Ⅵ) 的吸附容量是逐渐增大的，属于优惠型吸附过程，这说明高浓度的溶液中分子碰撞机会增加，从而增强了吸附。扩散过程的推动力是 Cr(Ⅵ) 的浓度差，扩散速度和扩散界面两侧离子浓度差成正比，所以溶液中的 Cr(Ⅵ) 初始浓度是影响吸附的重要因素。

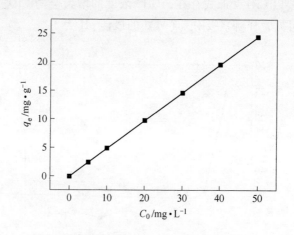

图 5.7　Cr(Ⅵ) 初始浓度对柽柳茎吸附容量的影响

5.3.2.3　温度对吸附效果的影响

在 Cr(Ⅵ) 初始浓度为 10~30mg/L，吸附剂投加量为 0.01g，温度为 293K、303K 和 313K，摇床振荡频率为 110r/min，吸附时间为 24h，pH = 5.4 的条件下，研究 Cr(Ⅵ) 初始浓度对柽柳茎吸附性能的影响，其结果如图 5.8 所示。由图 5.8 可以看出，温度对柽柳茎吸附 Cr(Ⅵ) 有显著影响，平衡吸附量随温度的升高而下降。当 Cr(Ⅵ) 初始浓度为 20mg/L 时，柽柳茎在 293K 下对 Cr(Ⅵ) 的平衡吸附容量分别是 303K 和 313K 时的 251.6% 和 276.3%，说明该吸附过程为放热反应，降低温度利于柽柳茎对 Cr(Ⅵ) 的吸附。

为了分析柽柳茎对 Cr(Ⅵ) 吸附的行为，分别应用 Langmuir 和 Freundlich 模型对不同温度时的平衡吸附数据进行拟合，结果如图 5.9 所示，相应参数列于表 5.3。

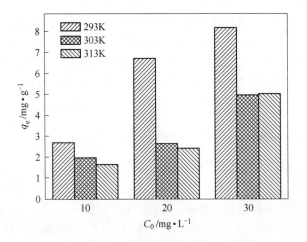

图 5.8 温度对柽柳茎吸附 Cr(Ⅵ) 的影响

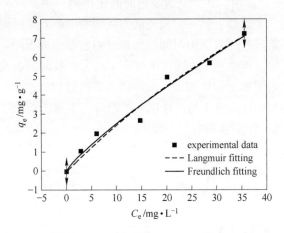

图 5.9 柽柳茎吸附 Cr(Ⅵ) 的 Langmuir 和 Freundlich 模拟

表 5.3 柽柳茎吸附 Cr(Ⅵ) 的 Langmuir 和 Freundlich 模拟参数

Langmuir			Freundlich		
$q_{max}/\mathrm{mg \cdot g^{-1}}$	$b/\mathrm{dm^3 \cdot mg^{-1}}$	R^2	$k/\mathrm{mg \cdot g^{-1}}$	n	R^2
28.71	0.00925	0.96599	0.38436	1.22365	0.97061

Langmuir 模型参数 q_{max} 粗略地反映了柽柳茎吸附能力的大小，表

5.3 中 Langmuir 模型的数据表明计算的 q_{max} 与实验测得的饱和吸附容量非常吻合。R^2 值反映模拟结果与实验数据的偏离程度，比较表 5.3 的 R^2 值可知，Langmuir 模型与 Freundlich 模拟结果 R^2 非常接近，表明 Langmuir 模型与 Freundlich 模型均与实验结果吻合得较好，Cr(Ⅵ) 在柽柳茎表面的吸附是单分子层、表面均匀吸附行为。

5.3.2.4 时间对吸附效果的影响

在 Cr(Ⅵ) 初始浓度为 10mg/L、20mg/L 和 50mg/L，吸附剂投加量为 0.01g，温度为 298K，摇床振荡频率为 110r/min，pH = 5.4 的条件下，研究吸附时间对柽柳茎吸附性能的影响，其结果如图 5.10 所示。由图可以看出，Cr(Ⅵ) 初始浓度不同，吸附时间对柽柳茎吸附容量的影响不同，当初始浓度一定时，吸附时间对柽柳茎吸附Cr(Ⅵ) 有显著影响。在研究的吸附时间范围内，吸附时间的影响曲线可以分为两个阶段：第一阶段是随着吸附时间的延长吸附容量快速增加；第二阶段是随着吸附时间的延长吸附容量逐渐下降。这可能是因为吸附开始，溶液中 Cr(Ⅵ) 浓度梯度较大，吸附剂表面活性位点较多，所以吸附容量快速增加；但是随着吸附过程的进行，吸附到柽柳茎表面的 Cr(Ⅵ) 由于与活性位点的结合力不强，部分吸附上去的Cr(Ⅵ) 脱落，因而吸附容量下降。

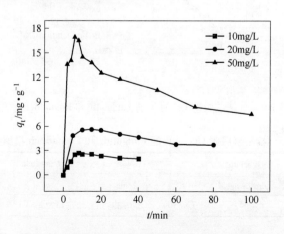

图 5.10 吸附时间对柽柳茎吸附 Cr(Ⅵ) 的影响

5.4 不同吸附剂吸附铬的比较

不同吸附材料对铬离子的吸附能力的比较见表5.4。

表5.4 不同吸附材料对铬离子的吸附能力的比较

吸附材料	Q_{max} /mg·g^{-1}	pH	t/℃	Cr(Ⅵ) /mg·L^{-1}	文献
氧化铁改性秸秆炭（BF-Cr）	30.96	5.0	400	40~200	[18]
辣椒秸秆	12.1	2.0	40	20~180	[19]
天然鸡蛋壳	48.6	5.0	30	0~500	[20]
香根草	72.87	2.0	41	50~150	[21]
羟基氧化铝	4.83	7.0	25	5~20	[22]
活性氧化铝	4.36	3.0	25	1~50	[23]
γ-MnO$_2$	4.19	7.0	25	0~250	[24]
纳米 CeO$_2$	30.5	3.0	25	5~50	[25]
载铁改性活性炭（Fe-PAC）	22.56	2.0	室温	100	[26]
改性活性炭铁（Mn-AC-Fe）	71.78	4.0	25	4.5~35.4	[27]
改性活性炭	28.82	3.0	25	0~25	[28]
PA6/Fe$_x$O$_y$	78.6	2.0	室温	—	[29]
偕胺肟化 PAN 纳米纤维膜	102.5	2.0	30	20~120	[30]
氨基化 PAN@SiO_2 纳米纤维膜	112.6	2.0	室温	100	[31]
针铁矿（α-FeOOH）	12.5	3.0	35	15	[32]
人工合成水铁矿	29.15	2.0	25	0~200	[33]
黄铁矿	0.298	3.0	25	5	[34]
纳米腐殖酸	157.52	5.0	30	10~130	[35]
磁性柠檬酸膨润土（MCAB）	16.67	3.0	30	10~80	[36]
石墨烯	57.8	1.0	30	0~200	[37]

吸 附 材 料	Q_{max} /mg·g^{-1}	pH	t/℃	Cr(Ⅵ) /mg·L^{-1}	文献
VMCP	344.83	2	25/24h	100~700	[38]
TEPA-COS	148.0±2.4	3	30	0.02~800	[39]
Poly (1-vinylimidazole) -modified-chitosan composite	196.1	3.5	25	20~150	[40]
Nitrogen-doped chitosan-Fe (Ⅲ) composite	390.5	4.5		0~250	[41]
AF-MCTS	208.33	3	30	20~140	[42]
Amino-modified $Fe_3O_4 - SiO_2$ – chitosa	236.4	2.5	25	0~250	[43]
Amino terminated polyamidoamin functionalized chitosan beads	185.0	4	30	200	[44]
Chitosan grafted with a hyperbranched polymer	194.6				[45]
Salvinia sp	26.03	7	25/3h		[46]
Colocasia esculenta leaves (CELP)	47.62	2	30	20~80	[47]
ARAC	155.52	1	30±1	50~200	[48]
Cyclodextrin functionalized 3D-graphene	107.0	3		0~200	[49]
PANI@ NC-600	198.04				[50]
D201Cu	363.9	5	35	0~400	本项目
D201Fe	236.3	5	25	0~300	本项目
Fe(OH)$_3$@ BC	551.3	4	25	0~400	本项目
柽柳茎	24.37	4	25	0~50	本项目

由表 5.4 可以发现，不同吸附材料吸附铬离子的最佳吸附 pH 大多集中在 2.0~5.0 之间，最佳吸附温度在 25~35℃之间。本研究制备的 Fe(OH)$_3$@ BC 与其他吸附材料相比，具有较高的吸附容量。

参 考 文 献

[1] Sharma Y C, Weng C H. Removal of chromium(Ⅵ)from water and wastewater by using riverbed sand: kinetic and equilibrium studies [J]. Journal of Hazardous Materials, 2007, 142 (1): 449–454.

[2] Zhao S, Chen Z, Shen J, et al. Enhanced Cr(Ⅵ) removal based on reduction-coagulation-precipitation by NaBH₄, combined with fly ash leachate as a catalyst [J]. Chemical Engineering Journal, 2017, 322: 646–656.

[3] Joe-Wong C, Jr B G, Maher K. Kinetics and products of chromium(Ⅵ)reduction by iron(Ⅱ/Ⅲ)-bearing clay minerals [J]. Environmental Science & Technology, 2017, 51 (17): 9817–9825.

[4] Dong H, Deng J, Xie Y, et al. Stabilization of nanoscale zero-valent iron(nZⅥ) with modified biochar for Cr(Ⅵ)removal from aqueous solution [J]. Journal of Hazardous Materials, 2017, 332: 79–86.

[5] Huang Y, Zhu C, Pan H, et al. Fabrication of AgBr/boron-doped reduced graphene oxide aerogels for photocatalytic removal of Cr(Ⅵ)in water [J]. Rsc Advances, 2017, 7 (57): 36000–36006.

[6] Sharma G, Naushad M, Almuhtaseb A H, et al. Fabrication and characterization of chitosan-crosslinked-poly (alginic acid) nanohydrogel for adsorptive removal of Cr(Ⅵ)metal ion from aqueous medium [J]. International Journal of Biological Macromolecules, 2017, 95: 484–493.

[7] Gupta V K, Shrivastava A K, Jain N. Biosorption of chromium(Ⅵ)from aqueous solutions by green algae spirogyra, species [J]. Water Research, 2001, 35 (17): 4079–4085.

[8] Mohan D, Jr C U P. Activated carbons and low cost adsorbents for remediation of tri- and hexavalent chromium from water [J]. Journal of Hazardous Materials, 2006, 137 (2): 762–811.

[9] Hokkanen S, Bhatnagar A, Sillanpää M. A review on modification methods to cellulose-based adsorbents to improve adsorption capacity [J]. Water Research, 2016, 91: 156–173.

[10] Deng S, Ting Y P. Polyethylenimine-modified fungal biomass as a high-capacity biosorbent for Cr(Ⅵ)anions: sorption capacity and uptake mechanisms [J]. Environmental Science & Technology, 2005, 39 (21): 8490–8496.

[11] Demirbas A. Heavy metal adsorption onto agro-based waste materials: A review

[J]. Journal of Hazardous Materials, 2008, 157 (2 - 3): 220 - 229.

[12] 杨金杯, 韩淑萃, 余美琼, 邱挺. 001 × 14.5 强酸性树脂对铬(Ⅲ)的吸附性能 [J]. 中国有色金属学报, 2012, 22 (6): 1791 - 1797.

[13] 李辉, 张力平. 磁性纤维素胺基树脂的制备及铬离子吸附 [J]. 北京林业大学学报, 2009, 31 (S1): 34 - 38.

[14] Liu H, Wang H, Li Y, et al. Glucose dehydration to 5-hydroxymethylfurfural in ionic liquid over Cr^{3+}-modified ion exchange resin [J]. RSC Advances, 2015, 5 (12): 9290 - 9297.

[15] Sharma Y C, Weng C H. Removal of chromium(Ⅵ) from water and wastewater by using riverbed sand: Kinetic and equilibrium studies [J]. Journal of hazardous materials, 2007, 142 (1 - 2): 449 - 454.

[16] 赵勇, 魏国良, 魏晓慧. 多种材料对重金属 Cr(Ⅵ)的吸附性能研究 [J]. 安全与环境学报, 2003, 3 (1): 25 - 29.

[17] 裘凯栋, 黎维彬. 水溶液中六价铬在碳纳米管上的吸附 [J]. 物理化学学报, 2006, 22 (12): 21 - 23.

[18] 李际会, 王鹏, 庄克章, 等. 氧化铁改性秸秆炭吸附铬 (Ⅵ) 性能研究 [J]. 农业环境科学学报, 2019, 38 (8): 1991 - 2001.

[19] 弭宝彬, 杨剑, 周火强, 等. 辣椒秸秆对铬 Cr (Ⅵ) 的吸附行为及机理 [J]. 环境科学与技术, 2017, 40 (S1): 90 - 96.

[20] 胡颖, 操家顺. 天然鸡蛋壳对污水中三价铬的吸附特性 [J]. 工业安全与环保, 2016, 42 (10): 14 - 18.

[21] 孙认认, 陈齐亮, 王赛丹, 等. 香根草的改性及其对水中六价铬的吸附 [J]. 工业水处理, 2019, 39 (1): 86 - 90.

[22] 聂兰玉, 陈海, 白智勇, 等. 羟基氧化铝吸附去除六价铬 [J]. 环境工程学报, 2015, 9 (8): 3847 - 3853.

[23] 谭秋荀, 张可方, 赵焱, 等. 活性氧化铝对六价铬的吸附研究 [J]. 环境科学与技术, 2012, 35 (6): 130 - 133 + 139.

[24] 孙玉凤, 张敬瑶. γ-MnO_2 的制备及其吸附除铬的性能 [J]. 理化检验 (化学分册), 2015, 51 (4): 496 - 501.

[25] 张金洋, 黄敏, 李琴, 等. 纳米 CeO_2 吸附剂的制备及对六价铬的吸附性能 [J]. 人工晶体学报, 2018, 47 (8): 1662 - 1669.

[26] 马欢欢, 马叶, 周建斌. 载铁改性活性炭对溶液中六价铬 [Cr (Ⅵ)] 的吸附研究 [J]. 科学技术与工程, 2017, 17 (9): 91 - 96.

[27] 王雨, 郭永福, 吴伟, 白仁碧. 改性活性炭铁吸附剂处理含铬电镀废水

[J]. 工业水处理, 2015, 35 (1): 18 – 22.

[28] 左卫元, 仝海娟, 史兵方. 改性活性炭对废水中铬离子的吸附 [J]. 环境工程学报, 2015, 9 (1): 45 – 50.

[29] 马利婵, 王娇娜, 李从举. PA6/Fe_ xO_ y复合纳米纤维膜制备及其去除重金属铬的性能研究 [J]. 化工新型材料, 2015, 43 (3): 64 – 67.

[30] 汪滨, 张凡, 王娇娜, 等. 偕胺肟化 PAN 纳米纤维膜除铬性能的研究 [J]. 高分子学报, 2016 (8): 1105 – 1111.

[31] 孟亚飞, 裴广玲. 氨基化 PAN@ SiO_ 2 纳米纤维膜除铬性能研究 [J]. 化工新型材料, 2019, 47 (2): 140 – 145.

[32] 任天昊, 杨琦, 李群, 等. 针铁矿对废水中 Cr (Ⅵ) 的吸附 [J]. 环境科学与技术, 2015, 38 (S2): 72 – 77 + 119.

[33] 丁秘, 康文晶, 冯程龙, 等. 人工合成水铁矿对水中六价铬的吸附特征研究 [J]. 工业水处理, 2017, 37 (2): 29 – 33.

[34] 万晶晶, 郭楚玲, 涂志红, 等. 黄铁矿对水中六价铬的吸附去除 [J]. 化工环保, 2016, 36 (5): 506 – 510.

[35] 程亮, 徐丽, 雒廷亮, 等. 纳米腐殖酸对重金属铬的吸附热力学及动力学 [J]. 化工进展, 2015, 34 (6): 1792 – 1798.

[36] 王迎亚, 施华珍, 张寒冰, 等. 磁性柠檬酸膨润土对六价铬吸附性能的研究 [J]. 高校化学工程学报, 2017, 31 (3): 726 – 732.

[37] 郑志功, 杨金杯, 郭锦超, 等. 石墨烯的制备及其对铬 (Ⅵ) 的吸附性能 [J]. 过程工程学报, 2017, 17 (5): 1085 – 1090.

[38] Wu Feng, Zhao Tuo, Yao Ying, et al. Recycling supercapacitor activated carbons for adsorption of silver (I) and chromium (Ⅵ) ions from aqueous solutions [J]. Chemosphere, 2020, 238.

[39] Mei Jinfeng, Zhang Hui, Li Zhongyu, et al. A novel tetraethylenepentamine crosslinked chitosan oligosaccharide hydrogel for total adsorption of Cr(Ⅵ) [J]. Carbohydrate Polymers, 2019, 224.

[40] IIslam M N, Khan M N, Mallik A K, et al. Preparation of bio-inspired trimethoxysilyl group terminated poly (1-vinylimidazole) -modified-chitosan composite for adsorption of chromium (Ⅵ) ions [J]. Journal of Hazardous Materials, 2019: 120792.

[41] Zhu C, Liu F, Zhang Y, et al. Nitrogen-doped chitosan-Fe (Ⅲ) composite as a dual-functional material for synergistically enhanced co-removal of Cu(Ⅱ) and Cr(Ⅵ) based on adsorption and redox [J]. Chemical Engineering Journal,

2016, 306: 579 - 587.

[42] Yue R, Chen Q, Li S, et al. One-step synthesis of 1, 6-hexanediamine modi-fied magnetic chitosan microspheres for fast and efficient removal of toxic hexava-lent chromium [J]. Scientific Reports, 2018, 8 (1): 11024.

[43] Sun X, Yang L, Dong T, et al. Removal of Cr(Ⅵ) from aqueous solution u-sing amino-modified Fe_3O_4-SiO_2-chitosan magnetic microspheres with high acid resistance and adsorption capacity [J]. Journal of Applied Polymer Science, 2016, 133 (10), 43078.

[44] Gandhi M R, Meenakshi S. Preparation of amino terminated polyamidoamine functionalized chitosan beads and its Cr(Ⅵ) uptake studies [J]. Carbohydrate polymers, 2013, 91 (2): 631 - 637.

[45] Li Q, Xu B, Zhuang L, et al. Preparation, characterization, adsorption kinet-ics and thermodynamics of chitosan adsorbent grafted with a hyperbranched poly-mer designed for Cr(Ⅵ) removal [J]. Cellulose, 2018, 25 (6): 3471 - 3486.

[46] Oliveira Jessika Cabral G, de Moraes Ferreira Rachel, Stapelfeldt Danielle M A. Use of Salvinia sp on the adsorption of hexavalent chromium. [J]. Environ-mental science and pollution research international, 2019.

[47] Nakkeeran E, Saranya N, Giri Nandagopal M S, et al. Hexavalent chromium removal from aqueous solutions by a novel powder prepared from Colocasia escu-lenta leaves [J]. International Journal of Phytoremediation, 2016, 18 (8): 812 - 821.

[48] Zhang H, Tang Y, Cai D, et al. Hexavalent chromium removal from aqueous solution by algal bloom residue derived activated carbon: equilibrium and kinetic studies [J]. Journal of Hazardous Materials, 2010, 181 (1 - 3): 801 - 808.

[49] Wang Z, Lin F, Huang L, et al. Cyclodextrin functionalized 3D-graphene for the removal of Cr(Ⅵ) with the easy and rapid separation strategy [J]. Envi-ronmental Pollution, 2019, 254: 112854.

[50] Lai Y, Wang F, Zhang Y, et al. UiO-66 derived N-doped carbon nanoparticles coated by PANI for simultaneous adsorption and reduction of Hexavalent chromi-um from waste water [J]. Chemical Engineering Journal, 2019, 122069. doi: 10. 1016/j. cej. 2019. 122069

6 水中砷的去除

6.1 国内外的砷污染

6.1.1 国内的砷污染

　　饮用水中的砷可引发一系列的健康问题。1980年,我国新疆的奎屯地区就发现由饮用水所导致的砷中毒事件;之后,又先后在内蒙古、山西、吉林、青海和宁夏等地发现饮用水导致的区域性砷中毒事件[1]。有些地方饮用水中砷的含量竟高达826μg/L,如内蒙古的巴盟地区[2]。

　　在我国,造成高浓度砷污染的主要原因是工业排水,如有色金属冶炼、采矿、化工染料及农药生产、含砷化合物的制备等工业领域排出的废水,此类废水中含砷浓度可达每升几十毫克。在采矿作业过程中,矿石中的砷大约有0.05%进入废水、10%~40%进入精矿、60%~90%进入尾砂。不同成岩矿石的含砷量情况见表6.1[3~5]。

表6.1 常见岩石矿物中砷的浓度

矿	物	砷的浓度范围/$mg \cdot kg^{-1}$
硫化物矿物	黄铁矿	$0.1 \times 10^3 \sim 7.7 \times 10^4$
	磁黄铁矿	$(5 \sim 0.1) \times 10^3$
	白铁矿	$(20 \sim 1.26) \times 10^5$
	方铅矿	$(5 \sim 1) \times 10^4$
	闪锌矿	$(5 \sim 1.7) \times 10^4$
	黄铜矿	$(10 \sim 5) \times 10^3$
氧化物矿物	赤铁矿	$< 0.16 \times 10^3$
	铁氧化物	$< 2 \times 10^3$
	铁氢氧化物	$< 7.6 \times 10^4$
	磁铁矿	$27 \sim 41$
	钛铁矿	< 1.0

矿　　物		砷的浓度范围/mg·kg^{-1}
硅酸盐类矿物	石英	0.4~1.3
	长石	<0.1~2.1
	黑云母	1.4
	闪石	1.1~2.3
	橄榄石	0.08~0.17
	辉石	0.05~0.8
碳酸盐矿物	方解石	1.0~8.0
	白云石	<3.0
	菱铁矿	<3.0
硫酸盐矿物	石膏	<1.0~6.0
	重晶石	<1~12
	黄钾铁矾	34~1×10^3
	其他矿物	
	磷灰石	<1~1×10^3
	岩盐	<3.0~30
	氟石	<2.0

　　我国是世界上最大的煤炭消耗国之一，在我国，由燃煤造成的砷污染亦是十分显著的。煤炭中存在着一些有毒元素，如砷和汞等。煤炭中砷的含量随着煤矿的地理位置不同而存在显著差异。从我国北部、东北到东部，砷的浓度由几十微克到几百微克每克，其中东北地区的煤炭中有较高含量的砷。煤炭引起的砷中毒，在我国一些地区也是较为严重的，最为严重的地区是贵州，由于在通风条件比较差的情况下用煤炭做饭取暖等，可引发严重的砷中毒。

6.1.2　国外的砷污染

　　砷污染已经成为全球性的环境污染问题。亚洲是砷污染最为严重的地区，其中以孟加拉国、印度和中国尤甚，以地下水砷污染为主。孟加拉国有超过 4000 万人暴露于含砷浓度超过 5×10^{-6} 的饮用水环境中，饮用水砷污染问题已经成为灾难。砷不但引起了全球范围的砷中毒性流行病，而且还使得成千上万的人处在高度危险中。

世界上已知最大的砷污染事件发生在智利北部地区，安多法加斯大、塔拉巴喀、哥魁米波三个州的地面水、饮用水、城市土壤以及食品均被砷污染，估计有437000人受害。

6.2 水中砷的去除研究进展

由于砷污染的严重性，世界各国政府和研究机构意识到除砷已经是一个关系到民生的重大性问题。研究者已经开发出各种除砷方法[6~13]，其中有物理化学法和生物法。物理化学法主要包括吸附 - 过滤法、离子交换法、氧化法、膜过滤法等。这些理论及研究为进一步发展和完善除砷的工艺技术奠定了坚实的基础。

6.2.1 物理化学法除砷

6.2.1.1 吸附—过滤法

吸附法除砷是一种效率高并且发展迅速的除砷方法。吸附技术操作简单，同时价格也比较低廉，是目前广泛使用和研究最多的方法。吸附 - 过滤法主要利用吸附剂具有的吸附作用吸附砷，然后利用过滤手段去除水中的砷。常用的吸附剂有铁盐、铝盐、活性炭、沸石、沙子等。另外还有一些其他的吸附剂，如聚硅酸铁、椰子壳、锯屑、无机饰铁稀土基材料等[14,15]。由于铁盐水解产物和砷之间存在较明显的络合作用，所以在这些吸附剂中铁盐的除砷效果最好，但是受外界环境，如pH、温度、共存离子的影响较大。三价铁盐对As^{5+}的去除率较高，但是对As^{3+}的去处效果相对较差。而通常情况下，砷多以三价砷的形式存在，尤其是地下水中，所以该方法存在着一定的不足。

由于上述吸附剂对三价砷的吸附有限，因此限制了它们在除砷工艺中的应用。但仍然有些研究者通过对吸附剂改性来做进一步的研究，例如改性沸石、改性煅烧矾土、改性高岭石等。同时，随着纳米技术的发展，也开发出不同的纳米吸附剂，如二氧化锑、三氧化二铁、氧化锆、氧化镍等。吸附剂材料本身的变化可引起吸附机制改变，进而提高除砷能力。喻德忠等人[16]研究了纳米二氧化锆对五价砷和三价砷的吸附性质，结果表明在 pH 值为 1～10 的范围内，纳米二氧化锆对三价砷及五价砷的吸附率均大于98%，吸附容量分别为1.4mg/g、1.1mg/g，而且具有较好的选择性。另外还有一种吸附剂值得一提，那就是新生态的二氧化锰，它对五价砷吸附表现出优异的特性，因此也受到了国内外不少研究者的关注。梁慧峰等人[17]研究了新生态二氧化锰对水中三价砷去除作用，研究结果表明，新生态二氧化锰对三价砷的去除率高，作用效果快，而且受 pH 的影响较小。

6.2.1.2　离子交换法

利用离子交换树脂除砷不但处理效果好而且具有设备简单、操作方便等优点，被研究者广泛应用。现已用在含砷水处理中的阳离子树脂有铈、铜、铁、镧、钇、锆等改性的树脂，Shao、Li 等用三价金属镧、铈、钇、铁、铝对苯酚甲醛型阳离子交换树脂进行化学改性，并对改性后的树脂进行了对砷的吸附性能研究。结果表明，钇和铈改性后的树脂对三价砷有较好的吸附性能，铁改性的树脂对五价砷的吸附性能较好，三者的最大吸附容量分别为 36.26mg/g、34.44mg/g、108.6mg/g。

在处理含砷废水时，研究者发现阴离子交换树脂也有一定的应用。Lenoble、Keno Blute 等人成功地将氧化锰负载到聚苯乙烯型阴离子树脂上，得到新的复合树脂，并利用该复合树脂进行动态吸附试验来检测其除砷性能。通过实验得出该复合树脂对三价砷的吸附容量是53mg/g，五价砷的吸附容量是 22mg/g。陈新庆、潘丙才等人将水合氧化铁固载于凝胶型强碱阴离子树脂 N201 上，合成新型树脂基水合氧化铁，并研究了 N201-Fe 对水溶液中五价砷的吸附性能，结果表明，对砷的吸附效果受 pH 的影响较小，由于 N201-Fe 中水合氧化铁（HFO）与五价砷间具有络合配位能力和吸附剂表面的 Donnan 膜效应，所以 N201-Fe 对砷具有较好的选择性。

6.2.1.3　氧化法

三价砷的毒性、流动性、溶解性都远超过五价砷，而且该价态的砷一般情况下是以分子形式存在的，因此各种除砷工艺对三价砷的去除率都远不如五价砷。所以在处理以三价砷为主的地下水时通常需要先将三价砷氧化成五价砷。

As(Ⅲ)~As(Ⅴ)的氧化还原电位是 0.560V，所以正常情况下纯氧或曝气均很难马上将砷从三价氧化成五价，而是需要添加氧化剂，常用的氧化剂有漂白粉、氯气、双氧水、高锰酸钾、臭氧、Fenton 试剂等。在实际应用当中，应依据条件和需要的不同，选择不同的氧化剂。有时为了提高氧化效果，还可以加入催化剂来促进氧化进行。另外值得一提的是零价铁 Fe(0)，研究发现 Fe(0) 去除三价砷的过程中，起到了氧化和吸附两个作用，从而大大缩短了去除流程。Fe(0) 的氧化和吸附作用已被用于可渗透反应墙（PRB）地下水修复技术中。在有氧条件下，零价铁经过一系列反应，将三价砷氧化成五价砷，生成三价铁聚合体和无定型水和氧化铁（HFO），聚合体可以吸附三价砷和五价砷，HFO 可与三价砷和五价砷发生共沉淀。然而，关于氧化法，有些研究表明，可能对环境产生危害。如 Frank、Clifford 发现在氯气氧化三价砷的同时会与水中的天然有机物形成氯化物的副产物，对环境有一定的影响。

6.2.1.4 膜过滤法

膜过滤法除砷可分为两类：一类是利用传统的膜截留作用实现对砷的去除，涉及的技术有反渗透除砷技术、纳滤膜除砷技术、超滤膜除砷技术、微滤膜除砷技术[18~23]；另一类膜过滤法是膜蒸馏技术，该技术对三价砷和五价砷都具有极强的去除能力，但也存在着差异。

A　反渗透（RO）除砷

反渗透系统中的半透膜是一层厚度为 1in 的百万分之几的高密度的阻碍膜，底部是千分之几英寸厚的多孔性支撑层。利用该膜结构对饮用水源施加压力（大于水源渗透压而方向与水源流向相反），驱使原水中的水透过半透膜，可得到较为纯净的水。在一定的条件下，反渗透膜技术能有效去除原水中的砷，从而实现更好的出水效果。该技术不仅能耗低、设备紧凑、不需投添加剂，而且易实现自动化。技术实施过程中溶液的理化性质不会改变，可用于回收贵金属和原水净化。

B　纳滤（NF）膜除砷

利用纳滤膜除砷的技术是具有发展前景的除砷技术之一。纳滤膜分离一般需要的跨膜压差是 0.5 ~ 2.0MPa，其分离原理如图 6.1 所示，而达到同样的渗透通量用反渗透膜必须施加的压差为 1.0 ~ 5.0MPa。有时也可把纳滤膜称为"低压反渗透膜"或"疏松反渗透膜"。在实际应用过程中 NF 膜有两个明显的特征：一个是截留分子量介于 RO 膜和 UF 膜之间；另一个是膜表面的分离层是由聚电解质构成的，能够选择分离无机盐，同时对有机物的去除率也能达到90% 以上。

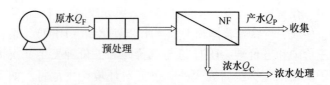

图 6.1　纳滤分离原理示意图

纳滤除砷应用中所面临的问题有：膜的污染与恢复、阻垢剂的使用、膜寿命的延长、膜系统的优化等，这也是纳滤膜应用的问题[24]。考虑到膜的操作条件和原水水质可能对膜除砷性能的影响，需要提前优化条件并实施相应的预处理。总之，纳滤膜除砷技术在地下水除砷应用中具有良好的发展前景。但是纳滤技术的初期投资比较大，能耗也相对比较高，因此也一定程度地限制了该技术在一些欠发达地区的使用及推广。

NF 膜与 RO 膜的不同之处是，后者基本上对所有溶解质均有较好的去除效果；而 NF 膜分离技术不仅可以有效去除水中的有害物质，同时还能保持水中有益的矿物质和微量元素，该技术是一种新型的水处理工艺，具有很大发展潜力[25~28]。

C　超滤（UF）膜除砷

超滤是一种低压膜技术，对颗粒的分离主要是通过筛滤实现的，因此同时具备物理筛分功能和电性排斥功能的超滤膜要比仅有物理筛分功能的超滤膜除砷效果好。超滤膜孔径为 1~50nm，大多数为非对称膜，是由一层具有一定孔径的表面层的极膜和一层具有海绵状结构的多孔层的厚膜组成。另外，相关研究表明，在中性 pH 值时带负电的 GM2540F 型超滤膜对五价砷的去除率在 63% 左右，相比之下不带电的 FV2450F 型超滤膜对砷的去除率却仅有 3%。

影响超滤膜除砷效果的因素有操作条件和原水水质。操作条件包括渗透通量、产水率；原水水质包括砷浓度、pH 值、水温、共存离子等。如果保持其他条件相同，对五价砷的去除率会随着原水含砷浓度的增加而升高，若保持产水率恒定，则除砷率会随着渗透通量的增加稍有上升。水温升高会降低对砷的去除率。在大部分 pH 值范围内对五价砷的去除率要大于三价砷，但是对两种砷的去除率均随着 pH 值得增加而提高。水中共存的阴阳离子均可以使砷的去除率下降。

D 微滤（MF）膜除砷

微滤是以压力差作为推动力根据筛分原理来达到分离目的的膜分离过程。微滤的孔径范围是 0.1~10μm，静压差为 10~200kPa，小于膜孔径的粒子可通过膜，大于膜孔径的就被截留在了膜面上。通常饮用水中颗粒态的砷含量很低，只靠微滤膜自身的截留作用是很难使出水砷浓度达到国家饮用水标准的。为了提高微滤膜对砷的去除率，大量研究者还采用了混凝法来增大含砷粒子的粒径，Shorr 等就采用了混凝法再联合微滤膜技术研究了对砷的去除效果，研究发现絮凝-微滤（CMF）工艺对砷的去除率明显高于单纯的微滤（MF）工艺。

6.2.2 生物法除砷

生物除砷技术是一种新兴的生态治理技术，基于该技术成本低、操作便捷、对环境污染小等优势而备受人们关注，其除砷的效果主要取决于除砷材料性能的好坏，根据除砷材料的差异，可将其分为植物类除砷技术、微生物类除砷技术和生物源性类除砷技术。然而由于该技术的发展尚未成熟，因此存在着许多不足，如条件要求苛刻、污染物不能被彻底降解、技术不够完善等。

6.2.2.1　植物类除砷

关于植物除砷，目前已发现的对水体和土壤中的砷都具有较强富集作用的植物有：(1) 藤黄 (能够和砷发生螯合作用)；(2) 蜈蚣草、欧洲蕨、大叶井口边草 (对砷有极强的富集能力与络合能力)；(3) 水葫芦、水浮莲、芦苇、香蒲 (水生植物)；(4) 周氏扁藻、小球藻等海藻 (能够将砷甲基化)。

Kamala 等人研究了藤黄对三价砷的去除性能；Cano 等人研究了多种盐离子以及腐殖质对高粱苔除砷性能的影响；水葫芦和水浮莲归属于可以去除水体中砷的水生植物。Haris 等人对水葫芦的除砷性能进行了研究，研究表明：水葫芦可以将水体中的砷降至国家规定的生活饮用水标准。另外研究者发现水葫芦对砷的去除效果受砷的初始浓度、水葫芦的用量、作用的时间以及氧气光照等条件影响。近年来，不少研究者发现蜈蚣草对水体中砷的去除效果非常显著，并得出蜈蚣草的叶子主要富集三价砷[29]，pH 值低于 5.21 的条件能增强超富集体蜈蚣草对砷的去除能力[30]。

植物类除砷技术具有操作简单、系统运行成本低、效果良好且二次污染小等优点，因此，该技术是一种具有很大发展前景的水处理技术，同时在重金属污染治理领域也被广泛推崇。此外，还可以利用超富集植物构建不同类型的人工湿地系统，再通过构建的湿地系统处理不同的含砷水，从而使植物除砷得到更广泛的应用。

6.2.2.2　微生物类除砷

微生物除砷是指从环境中筛选出耐砷 (砷酸盐和亚砷酸盐) 的微生物，通过这类微生物对砷进行吸附来达到去除砷的目的。微生物除砷的主要机理有微生物积累、通过微生物的电子传递氧化三价砷、利用微生物体内分泌的相关酶甲基化砷等。由于有机砷的毒性远小于无机砷，而微生物可以将无机砷转化成有机砷，因此，微生物除砷亦是一种极具发展潜力的除砷手段。

微生物除砷主要包括硫酸盐还原菌除砷[31]、亚砷酸盐氧化菌除砷[32]、砷酸盐还原菌除砷[33]、铁和锰的氧化菌除砷[34]、真菌除砷。

6.2.2.3 生物源性类除砷

生物源性类除砷材料包括生物体组织（如头发）和一些生物胞内提取物（如几丁质、壳聚糖）。Wasiuddin 等研究了人类头发对低浓度砷水中砷的去除效果，并证实了人类头发具有较好的生物吸附除砷效果。Boddu[35] 等人研究了壳聚糖涂层材料对三价砷和五价砷的去除效率，结果表明：当 pH 值为 4 时，吸附剂对三价砷和五价砷的吸附容量分别是 56.5mg/g、96.46mg/g。Mcafee[36] 等人利用壳聚糖和几丁质作为吸附剂对污染水体中的砷进行了吸附研究，结果发现在 pH 值为 7 时，混合吸附剂对砷的吸附容量是 0.13mg/g。

6.3 D401-Zr 复合树脂的制备及对砷的吸附特性

6.3.1 实验方法

6.3.1.1 D401 树脂及锆的性质

D401 树脂的结构如图 6.2 所示，基本性质见表 6.2。

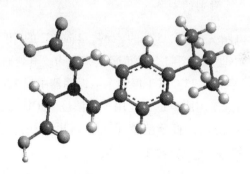

图 6.2 D401 的结构

表 6.2 D401 的性质

型号	D401
骨架	大孔苯乙烯-二乙烯苯共聚体
外观	乳白色
出厂形式	钠型

功能基团	$—CH_2N—(CH_2COOH)_2$
湿真密度/g·mL^{-1}	1.10 ~ 1.16
粒径范围 (0.315 ~ 1.25mm)/%	≥95
含水量/%	48 ~ 58
最高使用温度/℃	85
溶解性	酸碱不溶

锆的金属氧化物对砷酸盐具有独特的选择性，而且在水溶液中可以生成四核及八核类的粒子，这就保证了有充足的氢氧根离子和水分子去参与特定配体的形成，同时水合氧化锆也能够有效地抵挡酸、碱、氧化剂、还原剂等[37]。因 D401 含大量的羧基键（图6.2），该官能团易与锆化物脱水缩合进而形成锆的复合材料，所以本节以国产螯合树脂 D401 为载体将锆固载于其上，来合成出新型除砷吸附剂 D401-Zr，并对该材料的性能进行一系列研究。

6.3.1.2　吸附剂的制备

对 D401 树脂先后用 75% 的乙醇，1mol/L 的 HCl，1mol/L 的 NaOH 进行预处理[38]，利用共沉淀法，取 9g 预处理好的树脂与 0.25M ZrOCl$_2$ 溶液在 25℃下于恒温水浴振荡器中以 120r/min 的转速反应 24h，之后滤出树脂，迅速地用一定浓度 NaOH 及乙醇洗涤，随后再用去离子水洗涤，直至溶液呈中性取出树脂放于干燥箱内在 40℃下放置 24h，烘干以备使用。

6.3.1.3　静态吸附实验

静态吸附实验均在 250mL 规格的碘量瓶中进行，其中去离子水配制的含砷溶液总体积 50mL，改性吸附剂 50mg，使用 NaOH 和盐酸调节 pH 值；将碘量瓶放入恒温振荡器振荡一定时间（20℃，120r/min），用 AFS-930 原子荧光光度计测量溶液中剩余的砷浓度[39]。

在 250mL 碘量瓶中分别加入 50mL 一定浓度的 As(V) 溶液，调节到一定 pH，在各个碘量瓶中加入 50mg 吸附剂，然后将所有样品瓶置于恒温水浴振荡器中再以 120r/min 转速振荡，待达到平衡后用 AFS-930 原子荧光光度计测量溶液中剩余的砷浓度。分析吸附前后溶液中 As 的含量并用下式[40]计算：

$$q_e = V(C_0 - C_e)/W$$

式中，q_e 为平衡吸附量，mg/g；C_0 为初始砷浓度，mg/L；C_e 为吸附平衡时砷的浓度，mg/L；V 为砷溶液总体积；W 为吸附剂的质量。

6.3.2 D401-Zr 的表征

6.3.2.1 比表面积表征

D401-Zr 和载体材料 D401 的基本性质对比见表 6.3，由于新成分的导入，树脂本身的孔径和孔容在一定程度上有所降低，同时由于这些新成分占据了大孔树脂的孔道及里层，因此也增大了新型复合树脂的比表面积，这也是新型吸附剂对砷的去除率增加的原因之一。通过比较可以看出，锆已成功地固载到母体树脂的表面。

表 6.3　D401 和 D401-Zr 的主要性能指标

性 能 指 标	D401	D401-Zr
比表面积/m² · g⁻¹	5.405	7.445
孔容/cm³ · g⁻¹	0.035	0.029
平均孔径/nm	21.315	18.727
外观	浅黄色	橙色

6.3.2.2 扫描电镜表征

对比 D401 和 D401-Zr 的扫描电子显微镜照片如图 6.3 所示。图 6.3（a）是负载前 D401 螯合树脂的扫描电镜图，图 6.3（b）是负载锆后 D401-Zr 复合树脂的扫描电镜图。由图可以看出水合氧化锆已成功地固载到母体树脂的表面，且分布基本均匀。

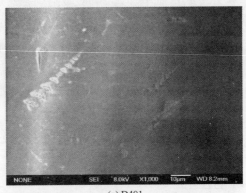

(a) D401

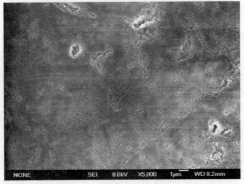

(b) D401-Zr

图 6.3   D401 和 D401-Zr 内表面的 SEM 照片

6.3.2.3 红外图谱表征

两种树脂的红外图谱如图 6.4 所示。羟基（—OH）的伸缩振动吸收峰大致在 $3419 \sim 3425 cm^{-1}$ 范围内[44,45]；C—N 键的吸收振动峰在 $1019 cm^{-1}$ 处附近，甲基（CH_3—）的吸收振动峰在 $1459 \sim 1465 cm^{-1}$ 附近；羰基和 N—H 基团的伸缩振动吸收峰分别在 $1616 cm^{-1}$ 和 $2925 cm^{-1}$ 处附近[46]。在 $600 \sim 750 cm^{-1}$ 范围内两者的红外图谱发生了一定的变化，由此可以推测此处可能是 Zr—O 基团的伸缩振动吸收峰，因而也证实了新合成的树脂上含有锆元素。

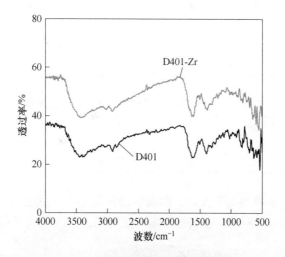

图 6.4　D401 和 D401-Zr 的红外图谱

通过不同的表征手段可以得出水合氧化锆已成功地固载到母体树脂的表面，且分布基本均匀，形成的新型复合树脂的结构如图 6.5 所示。

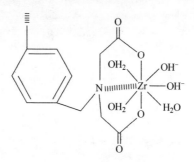

图 6.5　D401-Zr 复合材料的结构

6.3.3　D401 固载前后树脂的除砷率对比

负载前后树脂对三价砷和五价砷的去除效果分别见表 6.4 和表 6.5。

表 6.4　关于树脂负载前后对 As(Ⅲ) 的去除率　　　（%）

As(Ⅲ) 浓度	0.5mg/L	1mg/L	2mg/L
D401	18.10	16.50	21.00
D401-Zr	80.60	75.50	69.50

表 6.5　关于树脂负载前后对 As(Ⅴ) 的去除率　　　（%）

As(Ⅴ) 浓度	0.5mg/L	1mg/L	2mg/L
D401	35.10	32.40	39.80
D401-Zr	98.70	99.00	99.30

由表 6.4 和表 6.5 可知，固载后的树脂对砷的去除率明显增加，相关 D401-Zr 与砷的作用机理如图 6.6 所示，由于锆离子在溶液中较

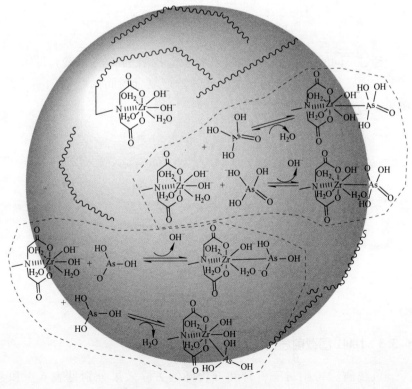

图 6.6　D401-Zr 与砷的反应

易转变成四核、八核类离子从而保证了充足的交换配体,再加之锆对砷酸盐独特的选择性,所以大大改善了树脂对砷的去除效果。同时由表6.3可知,比表面积增大,从而使得活性位点增多,亦是造成去除率增加的原因之一。

6.3.4 D401-Zr 对砷的吸附性能

6.3.4.1 pH 对 D401-Zr 除砷效果的影响

通常吸附剂对砷的去除效果普遍受外界环境的影响,其中受 pH 的影响较为明显[47],本实验研究了溶液 pH 值对 As(V) 和 As(Ⅲ) 在 D401-Zr 上的吸附影响规律,其结果如图 6.7 所示。

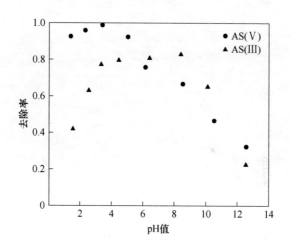

图 6.7 pH 值对吸附剂除砷效果的影响

(50mL C_0 为 0.5mg/L 的砷溶液,吸附剂质量为 50mg)

通过分析得出:D401-Zr 对砷的吸附主要靠离子交换作用,由于锆离子即使在浓度很低时也能较易转变成四核、八核类离子,从而保证了充足的交换配体[48];同时氧氯化锆和水合氧化锆对砷还具有较强的选择性[49,50]。但在相对较高的 pH 值环境中由于 OH^- 与该环境下存在的砷竞争吸附位点,所以降低了除砷率。由图看出,D401-Zr 对As(V)最大吸附效果的 pH 范围是 1.8 ~ 5.2,在此范围内的主要

离子种类是 $H_2AsO_4^-$，其 pKa 值是 2.24，也说明在这个范围内 D401-Zr 主要是对 $H_2AsO_4^-$ 进行吸附，故选择 pH 值为 3.16 进行深入研究；D401-Zr 对 As（Ⅴ）吸附效果稳定的 pH 范围是 6.3~9.2，在此范围内 As（Ⅲ）的主要存在形式是 $H_2AsO_3^-$[51]，其 pKa 值为 9.1，故选择 pH 值 8.6 进行下面的研究。

6.3.4.2 吸附剂 D401-Zr 对砷的吸附等温线

定砷的初始浓度依次为 1mg/L、2mg/L、4mg/L、6mg/L、8mg/L、10mg/L，分别在不同温度（293K、303K、313K）下进行吸附剂处理 As（Ⅴ）的吸附等温线实验，实验结果如图 6.8 所示。

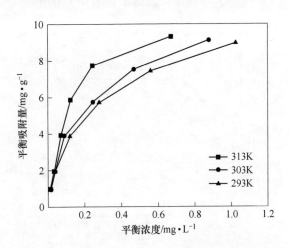

图 6.8   吸附剂对 As（Ⅴ）的吸附等温线
（吸附剂质量 50mg，As（Ⅴ）溶液量 50mL）

由图 6.8 可以，看出实验温度不同，吸附剂对 As（Ⅴ）的吸附性能也不同，从大到小依次是：313K > 303K > 293K，表明在实验研究的浓度范围内 As（Ⅴ）在 D401-Zr 上的吸附是吸热过程。造成这种趋势的原因可能是：一方面温度升高使锆化物很好地固化，同时根据类似趋势的相关文献[52]分析，可能是温度升高使得树脂一定程度的溶胀，进而使离子更易进入树脂内部，从而提高了吸附量；另一方面是由于 As（Ⅴ）在吸附剂上的吸附仅能通过形成内核配合物而产生，在形成有效吸附前需要将水合砷分子脱水，这一过程是吸热过程，同时温度升高会降低砷分子的水合程度。

常用的吸附等温线 Langmuir 模型、Freundlich 模型和 Temkin 模型的线性形式分别如式（3）、（4）和（5）[53~55]，Langmuir 模型中假设条件是吸附层的厚度为单分子层，相同的吸附位点具备相同的吸附熵和吸附能量；Freundlich 模型是常被用来描述异构系统的经验模型；Temkin 模型是用来研究吸附热及在吸附剂表面被吸附物和吸附剂之间的相互作用的模型。

$$q_{eq} = bQ_{max}C_{eq}/(1 + bC_{eq}) \tag{6.1}$$

式中，q_{eq} 为平衡吸附量，mg/g；b 为吸附常数；C_{eq} 为 As（V）的平衡浓度，mg/L；Q_{max} 为最大吸附量，mg/g。

$$\ln q_e = \ln K_F + 1/n \ln C_e \tag{6.2}$$

式中，q_e 为平衡吸附量，mg/g；K_F 是 Freundlich 常数；$1/n$ 为吸附力度。

$$Q_e = B_1 \ln K_T + B_1 \ln C_e \tag{6.3}$$

式中，B_1 是 Temkin 吸附常数；K_T 为平衡结合常数，kg/mg。$\ln Q_e$、$\ln C_e$ 如图 6.9（c）所示。

三种模型的拟合结果分别见表 6.6 ~ 表 6.8。

表 6.6 Langmuir 等温常数

温度/K	Q_{max}	b	R^2
293	10.427	4.889	0.987
303	10.583	5.714	0.988
313	11.284	8.041	0.991

表 6.7 Freundlich 等温常数

温度/K	K_F	$1/n$	R^2
293	9.206	0.426	0.438
303	10.049	0.438	0.974
313	11.844	0.412	0.906

表 6.8   Temkin 等温常数

温度/K	K_T	B_1	R^2
293	96.929	4.574	0.963
303	85.197	4.445	0.982
313	111.659	4.715	0.955

有关 Langmuir 模型和 Freundlich 模型的线性拟合曲线图分别如图 6.9（a）和图 6.9（b）所示。

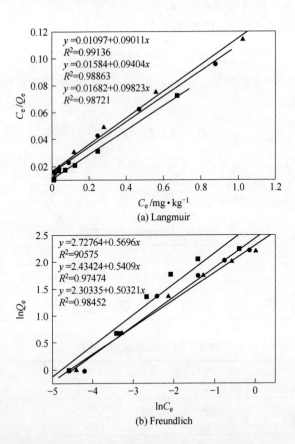

(a) Langmuir

(b) Freundlich

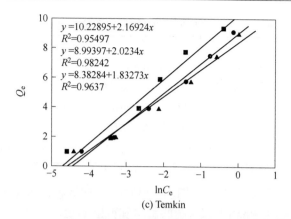

$$y = 10.22895 + 2.16924x$$
$$R^2 = 0.95497$$
$$y = 8.99397 + 2.0234x$$
$$R^2 = 0.98242$$
$$y = 8.38284 + 1.83273x$$
$$R^2 = 0.9637$$

(c) Temkin

图 6.9　不同温度下的线性拟合曲线

▲—293 K；●—303 K；■—313 K

由表 6.6、表 6.7 和表 6.8 可以看出，Langmuir 模型的拟合曲线相比 Freundlich 模型和 Temkin 模型拟合的曲线能更好地表征吸附剂对砷的吸附，因此砷的去除主要是以直接吸附到吸附剂表面的方式实现的；同时温度升高常数 b、K_F 值增大。

虽然由于实验条件的不同，很难直接比较出 D401-Zr 和其他材料除砷效果的好坏，但是通过饱和吸附量的大小比较也可一定程度上反应吸附材料的性能。表 6.9 列出了几种不同的吸附剂，显而易见 D401-Zr 相对表中所列出的其他大多数吸附剂来说具有较高的饱和吸附量。因此，D401-Zr 是一种较有前景的新型除砷材料，尤其是在低溶质水平，D401-Zr 的除砷率相当高。

表 6.9　关于不同吸附剂对砷最大饱和吸附量的比较

Adsorbent	$Q_{max}/mg \cdot g^{-1}$	Reference
D401-Zr	11.84	Present study
IOCS-2	0.0426	[56]
Sorghum biomass	3.6	[57]
Polymetallic sea nodule	0.74	[58]
La（Ⅲ）-impregnated alumina	12.88	[59]
Titanium dioxide loaded Amberlite XAD-7	4.72	[60]
Activated carbon	1.05	[61]

6.3.4.3　热力学分析

为了更好地描述 D401-Zr 除砷的吸附热力学情况，对实验数据进行热力学分析，常用的热力学方程见式（6.4）和式（6.5）[62~64]：

$$\Delta G = -RT\ln K_L \tag{6.4}$$

$$T\Delta S = \Delta H - \Delta G \tag{6.5}$$

式中，ΔG 为标准自由能变化；R 为普适气体恒量，8.314kJ/（kmol·K）；T 为开尔文温度，K；K_L 是 Langmuir 常数。

$\Delta G/T$ 对 $1/T$ 作图[65]如图 6.10 所示，标准熵变（ΔS）和标准焓变（ΔH）是由 Van't Hoff's 图的斜率和截距确定的。不同温度下吸附过程的热力学常数见表 6.10。

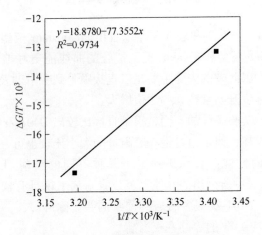

图 6.10　不同温度的 Van't Hoff's 图

表6.10　不同温度下的热力学常数

温度/K	K_L	ΔG/kJ·mol^{-1}	ΔH/kJ·mol^{-1}	ΔS/J·mol^{-1}·K^{-1}
293	4.889	-3.866		
303	5.714	-4.390	18.878	77.355
313	8.041	-5.424		

根据表 6.10 的计算结果可知：D401-Zr 对砷的吸附过程的焓变

$\Delta H(18.878)>0$，说明该过程为放热反应，相对高温有利于反应的进行，吉布斯自由能 ΔG（-3.866、-4.390、-5.424）为负值说明该吸附过程是自发进行的。熵变（77.355）>0 说明 D401-Zr 对砷的吸附过程是熵增过程，同时也暗示了该吸附过程在固-液界面处的随意性倾向较高。[66]

6.3.4.4 吸附动力学

吸附剂的吸附动力学性能对于吸附剂的实际应用具有十分重要的影响，实验研究了 As（V）和 As（Ⅲ）在 D401-Zr 上的吸附动力学并分别用 Lagergren 准一级反应模型和准二级反应模型[67~69]进行拟合。实验结果如图 6.11 和图 6.12 所示。

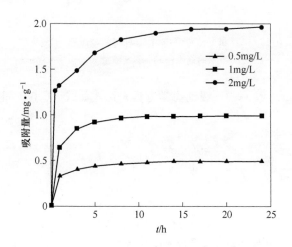

图 6.11 As（V）在吸附剂上随时间和浓度吸附效果的影响
（吸附剂质量 50mg，溶液量 50mL）

结果表明：D401-Zr 对砷的吸附可分为开始的快速反应阶段和随后的慢反应阶段。随着时间的增加吸附量不断增大，As（V）浓度在 1mg/L 以下时，不到 7h 即可达到平衡，随着浓度的增大达到平衡需要的时间增加。相比之下 As（Ⅲ）达到平衡需要较长时间，24h 后方能达到平衡。吸附后的树脂可以用一定浓度的氢氧化钠再生，再生效率大于 90%，表明该树脂可反复利用。

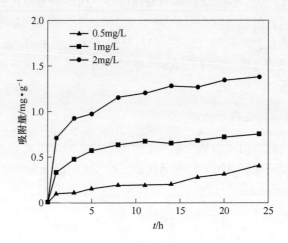

图 6.12　As(Ⅲ) 在吸附剂上随时间和浓度吸附效果的影响
（吸附剂质量 50mg，溶液量 50mL）

Lagergren 准一、二级动力学方程表达式如式（6.6）和式（6.7）所示：

$$\frac{\mathrm{d}Q_t}{\mathrm{d}t} = K_1(Q_{e_1} - Q_t) \tag{6.6}$$

$$\frac{\mathrm{d}Q_t}{\mathrm{d}t} = K_2(Q_{e_2} - Q_t)^2 \tag{6.7}$$

式中，Q_e 为吸附达到平衡时的吸附量，mg/g；Q_t 为时间 t 时的吸附量，mg/g；K 是吸附速率常数，mg/(g·h)；t 为吸附时间，h。

将式（6.6）、（6.7）整理得式（6.8）、式（6.9）：

$$\ln(Q_{e_1} - Q_t) = \ln Q_{e_1} - K_1 t \tag{6.8}$$

$$\frac{t}{Q_t} = \frac{t}{Q_{e_2}} + \frac{1}{K_2 Q_{e_2}^2} \tag{6.9}$$

通过 Q_{e_1} 对 t、t/Q_{e_2} 对 t 作图而得相关参数，见表 6.11 和表 6.12。

表 6.11 关于对 As(V) 吸附的不同动力学模型拟合常数

动力学模型	一级动力学			二级动力学		
拟合常数	Q_{e_1}	K_1	R_1^2	Q_{e_2}	K_2	R_2^2
0.5mg/L	0.476	1.069	0.972	0.504	4.183	0.999
1mg/L	0.972	1.003	0.988	1.010	2.740	0.999
2mg/L	1.810	1.837	0.912	1.992	0.920	0.998

表 6.12 关于对 As(III) 吸附的不同动力学模型拟合常数

动力学模型	一级动力学			二级动力学		
拟合常数	Q_{e_1}	K_1	R_1^2	Q_{e_2}	K_2	R_2^2
0.5mg/L	0.533	0.047	0.859	0.395	0.390	0.728
1mg/L	0.684	0.453	0.956	0.761	0.973	0.991
2mg/L	1.254	0.516	0.918	1.412	0.527	0.992

由表 6.11 和表 6.12 得知：相比之下 Lagergren 准二级动力学方程能更好地描述砷酸盐及亚砷酸盐在 D401-Zr 上的吸附，拟合的 Q_e 值与实验值接近。也进一步证明了这一点。且在实验浓度范围内，D401-Zr 对砷的吸附容量随溶液中砷浓度的增大而增大。

吸附的控制过程通常是通过液相传质过程或者是内扩散传质过程。所以为了进一步对实验数据进行分析，采用内扩散模型对该过程进行拟合。式（6.10）为内扩散模型的经验公式[70]：

$$Q_t = k_d t^{1/2} + C \tag{6.10}$$

式中，k_d 是颗粒内扩散速率常数，如果该吸附过程符合颗粒内扩散过程，则 Q_t 和 $t^{1/2}$ 图应该为一条关于 k_d 和 C 的直线，因此可以通过该直线的斜率和截距得出 k_d 和 C 的值，所得出的常数见表 6.13。

表 6.13 关于 D401-Zr 对 As(V) 和 As(III) 吸附的内扩散模型的拟合常数

砷的类型	As(V)			As(III)		
砷的浓度	0.5mg/L	1.0mg/L	2.0mg/L	0.5mg/L	1.0mg/L	2.0mg/L
k_d/mg · $(g \cdot h^{0.5})^{-1}$	0.080	0.160	0.296	0.077	0.134	0.243
C	0.183	0.379	0.779	0.072	0.168	0.333
R^2	0.649	0.621	0.652	0.898	0.842	0.840

　　关于 D401-Zr 对砷的吸附过程可以解释为：首先在树脂表面通过表面交换作用进行初步除砷，直到表面的功能基团被完全占据，交换作用结束；然后砷再到达吸附剂的内部进一步发生作用，砷穿过吸附剂颗粒表面的外层液膜，此过程非常迅速，之后吸附质分子按固体表面扩散机制或孔扩散过程穿过液体填充孔扩散到吸附位点上[71]。具体的吸附过程如图 6.13 所示。

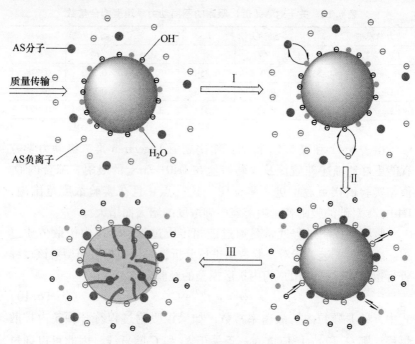

图 6.13　D401-Zr 对砷的吸附过程

6.3.4.5　砷的选择性

　　受污染的饮用水中常见的阴离子，如 SO_4^{2-}、Cl^-，浓度往往高出砷浓度的几十甚至千倍，近年来随着工农业发展，许多行业都有高浓度含氟及含磷废水的排放，因此，造成饮用水中这些离子也是普遍存在的。它们的竞争吸附性能常常决定了吸附剂本身的工业化应用前景。本实验研究了这些离子对砷在复合树脂 D401-Zr 上的吸附效果的影响，分别用浓度为 2mmol/L 的硫酸钠、氯化钠、氟化钠、磷酸钠进行吸附试验，研究结果如图 6.14 所示。

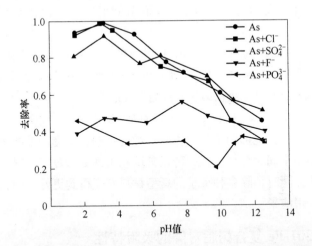

图 6.14　干扰离子随 pH 变化在吸附剂上对 As（Ⅴ）吸附效果的影响

（吸附剂质量 50mg，50mL C_0 为 1mg/L 的砷溶液）

由图可以看出，虽然 SO_4^{2-}、Cl^- 产生了一定的竞争力，但影响不大，而磷酸根，氟离子对吸附起抑制作用。这是由于在吸附过程中，这些离子同砷酸根竞争在吸附剂上的活性位点，进而打破了吸附剂与砷酸盐之间特定的配位作用，其中磷酸根离子的影响最大[72]，对 As（Ⅴ）的去除率降低了甚至一半。几种离子的抑制能力从大到小依次是 $PO_4^{3-} > F^- > SO_4^{2-} > Cl^-$；As（Ⅲ）也发现有类似的结果。

6.3.5　小结

本节实验基于螯合树脂 D401 提供大量的羧基键并与水和氧化锆相互作用，经过特定的反应成功地制备出一种新型的复合除砷材料 D401-Zr，并研究了该材料对砷的吸附性能，包括 pH 值、吸附等温线、吸附动力学、干扰离子等。结果表明：

（1）pH 值在 1.8 ~ 5.2 内，D401-Zr 对 As（Ⅴ）的去除效果最好，当 pH = 3.16 时去除率最高；pH 值 6.3 ~ 9.2 范围时，对 As（Ⅲ）

的吸附效果最好，当 pH = 8.6 时去除率最高。

（2）在一定温度范围内 D401-Zr 对砷的吸附量随温度的增加而增大，此过程为吸热过程，Langmuir 模型能很好地表达吸附剂对砷的吸附。

（3）D401-Zr 对浓度为 1mg/L 以下的 As(V) 溶液吸附不到 7h 就能达到平衡；相比之下对 As(III) 的吸附较慢，需 24h 之后方能达到平衡。Lagergren 准二级动力学方程能很好地拟合 D401-Zr 对砷的吸附。

（4）SO_4^{2-}、Cl^- 对 D401-Zr 吸附砷的影响不大，PO_4^{3-}、F^- 在一定程度上竞争性地抑制了复合树脂对砷的吸附，而受污染的水体通常又是多种离子同时存在，因此可以尝试利用载锆的复合材料同时除砷氟等离子；同时，除多种离子的新型材料有望得到更好发展，并具有广阔的应用前景。

6.4　D301-Fe 复合树脂对砷的吸附特性

目前比较成熟的除砷方法有吸附法、膜处理法、萃取法、生物处理、离子交换法、化学氧化法和电凝聚法等，由于砷普遍以多种砷酸根阴离子的形式存在，所以阴离子交换树脂法成为除砷的理想方法之一。已有文献证实，水和氧化铁（HFO）与砷具有较强的络合配位性能，同时还具有优良的选择性和较高的饱和吸附容量，所以将 HFO 固载到传统吸附剂上成为又一种除砷的有效方法。目前固载水和氧化铁的母体有活性炭、沙子、纤维素、阴离子交换树脂[41]等，因此本节通过将水和氧化铁负载到阴离子交换树脂 D301 上，制备出一种新型除砷材料，并对该材料在不同条件下的吸附性能做了一系列研究。

D301 树脂的性质见表 6.14。

表 6.14　D301 树脂的特性

树脂型号	结构	功能基团	粒度 (0.315 ~ 1.25mm)	湿真密度 /g·mL⁻¹	含水 /%	粒度 (0.315 ~ 1.25mm)	最高使用温度 /℃
D301	Styrene-DVB	R-N $(CH_3)_2$	≥95	1.03 ~ 1.07	50 ~ 65	≥95	盐 40 ―――― 碱 100

6.4.1　实验方法

6.4.1.1　吸附剂的制备

先对 D301 用乙醇、饱和食盐水、盐酸、NaOH 溶液进行预处理[42]，将 12g 预处理好的大孔弱碱性阴离子交换树脂 D301 装入反应合成器中，加入 $FeCl_3$-HCl-NaCl 溶液。水浴温度调到 298K 振荡 72h，然后滤出树脂，滴加 NaOH-NaCl 溶液制成 D301-Fe，最后将制成的树脂滤出，放在 313K 下真空干燥，具体制备过程及表征参考文献 [43]。

6.4.1.2　pH 对 D301-Fe 吸附水溶液中 As（V）的影响

称取 D301-Fe 和 D301 各 0.05g 于 250mL 具塞碘量瓶中，分别加入 50mL1mg/L 的 As（V）溶液，使用 NaOH 和盐酸调节 pH 值，将碘量瓶放入恒温振荡器振荡一定时间（298K，120r/min），用 AFS-930 原子荧光光度计测量溶液中剩余的砷浓度，并计算吸附剂对砷去除率。

$$P = (C_0 - C_e)100C_0 \quad \% \qquad (6.11)$$

式中，C_0 为初始砷浓度，mg/L；C_e 为吸附平衡时砷的浓度，mg/L。

6.4.1.3　时间的影响

称取 0.05g D301-Fe 于 250mL 具塞碘量瓶中，分别加入 50mL 不同浓度的 As（V）溶液（1mg/L、2mg/L、4mg/L）。将碘量瓶置于恒温水浴振荡器振荡，温度 298K，转速 120r/min。检测在不同吸附时间时剩余的砷浓度，并计算对应时间下砷的吸附量。D301-Fe 对砷的吸附容量公式如下：

$$q_t = V(C_0 - C_t)W \qquad (6.12)$$

式中，q_t、C_t 分别为 t 时刻时吸附剂对砷的吸附量和剩余的砷浓度；V 为砷溶液总体积，L；W 为吸附剂的质量，g。

6.4.1.4　温度影响实验

称取 0.05g D301-Fe 于 250mL 具塞碘量瓶中，分别加入 50mL 初

始浓度依次为 1mg/L、2mg/L、4mg/L、6mg/L、8mg/L、10mg/L 的 As(Ⅴ) 溶液，分别在不同温度（288K，298K，308K）下将碘量瓶置于恒温水浴振荡器振荡 24h，转速为 120r/min。待平衡后测定溶液中 As(Ⅴ) 的平衡浓度和吸附剂的平衡吸附量。

6.4.1.5　共存离子的影响

称取 0.05g D301-Fe 于 250mL 具塞碘量瓶中，分别加入 50mL 1mg/L 的 As(Ⅴ) 溶液（所含共存离子 SO_4^{2-}、Cl^-、PO_4^{3-}、F^- 均为 2mmol/L），将碘量瓶置于 298K 恒温水浴振荡器振荡 24h，转速为 120r/min，测定吸附平衡后溶液中 As(Ⅴ) 的浓度并计算树脂对 As(Ⅴ) 的去除率。

6.4.2　D301-Fe 对砷的吸附性能

6.4.2.1　受 pH 的影响

实验研究了溶液 pH 值对 As(Ⅴ) 在 D301-Fe 和 D301 上的吸附规律的影响，结果如图 6.15 所示。

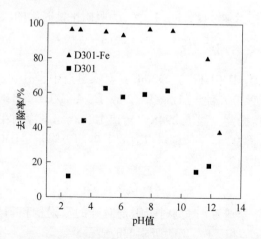

图 6.15　不同 pH 值对吸附剂除砷效果的影响

通过分析得出：在整个研究的 pH 值范围内，通过铁对 D301 的改性使其对 As(Ⅴ) 的去除效果明显提高, 而且大大降低了 pH 值对其吸附性能的限制, 在 pH < 10 时, 改性后的树脂对砷都具有较好的吸附效果。两种树脂在 pH 值较高时对砷的去除率急剧下降, 这是由于 D301 对砷的吸附主要是依靠离子交换作用, 而 pH 值较高相应的 OH⁻ 就多, 进而竞争了该环境下存在的砷的吸附位点; 同时, H_3AsO_4 的 $pK_{a1} = 2.2$, $pK_{a2} = 6.98$, $pK_{a3} = 11.6$[73], pH 值降低不利于砷酸根离子的电离, 而且在 pH 低于 2.2 时, 大部分砷是以砷酸分子的形式存在, 所以降低了 D301 对 As(Ⅴ) 的吸附; 而对于 D301-Fe, 相关研究表明 HFO 对砷酸根离子的吸附主要通过内配合作用和静电作用共同进行[74], 不同 pH 值下 Fe(Ⅲ) 及砷的存在形式大不相同[75], 当 pH > 10 时, Fe(Ⅲ) 主要是以 $FeOH_4^-$ 形式存在, 所以当溶液 pH 值较大时, 因 HFO 容易带负电而与砷酸根离子产生排斥效应致使除砷率降低。关于 D301-Fe 对 As(Ⅴ) 的吸附过程如图 6.16 所示。

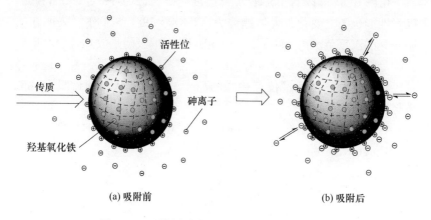

(a) 吸附前　　　　　　　　　(b) 吸附后

图 6.16　吸附剂对溶液中 As(Ⅴ) 的吸附过程

6.4.2.2　吸附剂对砷的吸附等温线

对不同初始浓度的砷溶液分别在不同温度 (288K, 298K, 308K) 下进行吸附剂处理 As(Ⅴ) 的吸附等温线实验, 实验结果如图 6.17 所示。

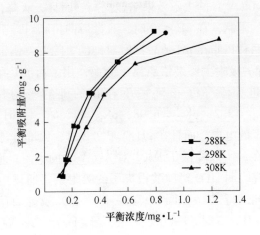

图 6.17　吸附剂对 As（V）的吸附等温线

由图 6.17 可以看出随着实验温度变化，D301-Fe 对 As（V）的吸附性能也随之变化，大体趋势为：288K > 298K > 308K，表明在实验研究的温度范围内 As（V）在 D301-Fe 上的吸附是放热过程。造成这种趋势的原因可能是温度升高降低了溶液的黏度和溶解性，进而降低了与吸附剂表面活性位点接触的离子的数目，从而使得吸附性能下降。

常用的吸附等温线 Langmuir 模型和 Freundlich 模型的线性形式分别如式（6.13）和式（6.14）所示[76,77]。

$$q_e = \frac{K_L q_{max} C_e}{(1 + K_L C_e)} \tag{6.13}$$

式中，q_e 为平衡吸附量，mg/g；K_L 为吸附常数；C_e 为 As（V）的平衡浓度，mg/L；q_{max} 为最大吸附量，mg/g。

$$\ln q_e = \ln K_F + 1/n \ln C_e \tag{6.14}$$

式中，q_e 为平衡吸附量，mg/g；K_F 是 Freundlich 常数；$1/n$ 为吸附力度，当 $1/n < 1$ 时，说明具备较好的吸附过程[78]。

Langmuir 和 Freundlich 模型的拟合结果见表 6.15 和表 6.16。

表 6.15　Langmuir 等温常数

温度/K	q_{max}	K_L	R^2
288	28.509	0.632	0.923
298	25.066	0.699	0.931
308	16.322	1.026	0.944

表 6.16　Freundlich 等温常数

温度/K	K_F	$1/n$	R^2
288	11.794	0.827	0.903
298	10.852	0.796	0.904
308	8.162	0.658	0.890

由表 6.15 和表 6.16 可以看出，Langmuir 方程较 Freundlich 方程能更好地描述吸附剂 D301-Fe 对砷的吸附，表示该吸附更接近于单分子层吸附。Freundlich 模型的拟合常数均在 0.90 左右，说明 Freundlich 方程也可以较好地描述该吸附过程，由表 6.16 知 $1/n$ 都在 0.6 ~ 0.9 之间，即均小于 1，说明该吸附过程为优惠吸附。

6.4.2.3　热力学分析

由 D301-Fe 对 As(V) 的吸附等温线可以推出吸附的自由能、熵变、焓变，分别根据方程（6.15）、方程（6.16）计算[79~81]：

$$T\Delta S = \Delta H - \Delta G \tag{6.15}$$

$$\ln\left(\frac{q_e}{C_e}\right) = \frac{\Delta S}{R} - \frac{\Delta H}{RT} \tag{6.16}$$

通过 $\ln\left(\dfrac{q_e}{C_e}\right)$ 对 $\dfrac{1}{T}$ 作图，结果如图 6.18 所示，根据斜率和截距分别求出 ΔS 和 ΔH 的值。再根据得出的 ΔS 和 ΔH 求出对应温度的自由能变值。得出的相关具体结果见表 6.17。

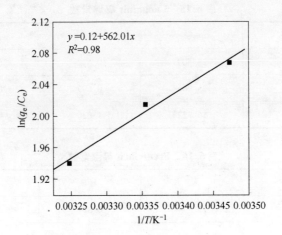

图 6.18　不同温度的 Van't Hoff 图

表6.17　关于 D301-Fe 对 As（V）吸附的热力学常数

温度/K	$\Delta G/kJ \cdot mol^{-1}$	$\Delta H/kJ \cdot mol^{-1}$	$\Delta S/J \cdot mol^{-1} \cdot K^{-1}$
288	-4.961		
298	-4.974	-4.672	1.003
308	-4.982		

从表 6.17 可以看出 D301-Fe 对 As（V）的吸附 ΔG 均为负值，表明该吸附是自发进行的；其吸附焓变为负值说明此吸附过程为放热反应过程，该结果与前面的实验结果吻合。同时吸附熵变为正表明该过程为熵推动过程。

6.4.2.4　吸附动力学

在 D301-Fe 用量为 0.05g，砷离子的浓度为 1mg/L、2mg/L 和 4.0mg/L 条件下，吸附剂吸附砷的时间变化曲线如图 6.19 所示。

结果表明：D301-Fe 对砷的吸附可分为开始的快速反应阶段和随后的慢反应阶段[82]。开始阶段吸附较快是因为较高的初始浓度提供了足够的推动力来克服固液相之间砷的传质阻力，随着吸附过程的进

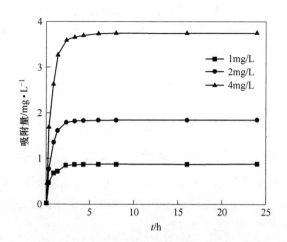

图 6.19 不同浓度的 As(V) 溶液随时间变化
在吸附剂上的吸附效果

行浓度逐渐降低，推动力不断变小，吸附速度也相应变慢，关于
D301-Fe 对砷的表面吸附如图 6.20 所示。在研究的浓度范围内，
D301-Fe 对 As(V) 的吸附不到 3h 即可达到平衡。

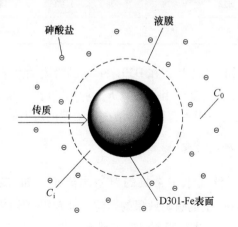

图 6.20 吸附剂对砷的表面吸附
C_0—液相主体中溶质的浓度，mg/L；
C_i—液膜内溶质的浓度，mg/L

分别用 Lagergren 准一级反应模型和准二级反应模型[83,84]对动力学实验数据进行拟合，Lagergren 准一、二级动力学方程表达式如式 (6.17)、(6.18) 所示：

$$\ln(q_{e1} - q_{t1}) = \ln q_{e1} - K_1 t \qquad (6.17)$$

$$\frac{t}{q_{t2}} = \frac{1}{K_2 q_{e2}^2} + \frac{t}{q_{e2}} \qquad (6.18)$$

式中，q_e 为吸附达到平衡时的吸附量，mg/g；q_t 为时间 t 时的吸附量，mg/g；K 是吸附速率常数，mg/(g·h)$^{-1}$；t 为吸附时间，h。

通过 t/q_{t2} 对 t 作图而得相关动力学参数。得出的 Lagergren 准一、二级动力学方程参数见表 6.18。

表 6.18　关于对 As(Ⅴ) 吸附的不同动力学模型拟合常数

动力学模型	一级动力学			二级动力学		
拟合常数	q_{e1}	K_1	R_1^2	q_{e2}	K_2	R_2^2
1mg/L	0.855	0.978	0.978	0.908	4.214	0.999
2mg/L	1.828	0.998	0.998	1.926	1.743	0.999
4mg/L	3.702	0.993	0.993	3.919	0.821	0.999

由表 6.18 知：As(Ⅴ) 在 D301-Fe 上的吸附动力学完全符合 Lagergren 二级方程，其拟合相关系数 R^2 均接近 1；且在实验浓度范围内，D301-Fe 对砷的吸附容量随溶液中砷浓度的增大而增大。

6.4.2.5　砷的选择性

本节研究了饮用水中常见的典型阴离子（如 SO_4^{2-}、Cl^-）对 As(Ⅴ) 在 D301-Fe 上的吸附效果的影响，分别用一定浓度的 Na_2SO_4、NaCl、NaF、Na_3PO_4 进行吸附试验，研究结果如图 6.21 所示。

由图 6.21 可以看出，虽然 SO_4^{2-}、Cl^-、F^- 对吸附效果产生了一定的竞争力，但影响不大，仍具有较高的去除率；而 PO_4^{3-} 则严重影

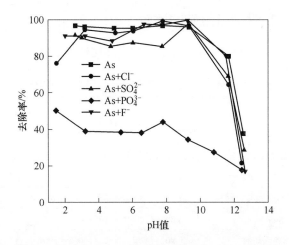

图 6.21 共存离子对 D301-Fe 吸附 As(Ⅴ) 的影响

响了 D301-Fe 对 As(Ⅴ) 的吸附,这是由于在吸附过程中,PO_4^{3-} 同砷酸根竞争在吸附剂上的活性位点,致使吸附剂对砷的去除率降低到 40% 以下。

6.4.3 小结

本实验利用铁改性 D301 树脂制备出复合材料 D301-Fe,并研究了该材料对砷的吸附性能,其中包括 pH 值、吸附等温线、吸附热力学、吸附动力学及干扰离子等。结果表明:

(1) pH < 10 时,D301-Fe 对 As(Ⅴ) 的具有较好的去除效果,去除率均在 90% 以上。

(2) D301-Fe 对 As(Ⅴ) 的吸附为放热过程,且实验结果吻合 Langmuir 模型,得出对 As(Ⅴ) 的饱和吸附容量为 28.5mg/g。

(3) D301-Fe 对砷的吸附过程为自发、放热、熵推动的过程。

(4) D301-Fe 对砷吸附过程遵循 Lagergren 准二级动力学方程,其拟合相关系数 R^2 均接近 1,而且不到 3h 即可达到吸附平衡。

(5) SO_4^{2-}、Cl^-、F^- 对 D301-Fe 吸附砷的影响不大,但 PO_4^{3-} 则一定程度上竞争性地抑制了改性树脂对砷的吸附。

6.5　不同吸附剂吸附砷的比较

不同吸附材料对砷离子的吸附能力的比较见表6.19。

表 6.19　不同吸附材料对砷离子的吸附能力的比较

吸 附 材 料	Q_{max} /mg·g^{-1}	pH	t/℃	As(Ⅲ) /mg·L^{-1}	As(Ⅴ) /mg·L^{-1}	参考 文献
磁性水热炭（m-HTC）	26.06	6.5	40	1~100		[85]
Goethite@ BC	65.20	4	室温	5~100		[86]
生物炭-锰氧化物复合材料	20.08	3~7	25	0.2~50		[87]
FeCl₃ 改性柚子皮	1.86	2~9	20	1.5~30		[88]
天然含铁矿物	3.96	7	25	0.5~100		[89]
UIO-66（Zr）	0.04959	6	20	0.01~0.06		[90]
除氟活性铝氧化物	13.63	7	室温	0.5~70		[91]
NZVI/GS	55.93	6~8	35	1~20		[92]
载铁活性炭	2.551	6	25	1.1		[93]
Cu(Ⅱ) 负载疏松多孔型羟胺 改性聚丙烯腈-衣康酸	0.56	3	35	5		[94]
稀土掺杂铁炭复合材料	3.89	—	30	30		[95]
涂铁石英砂（IOCS）	1.22	8.5	25		0.1~5	[96]
铁改性活性氧化铝（FAA）	34.21	6.5	25		10~30	[97]
铁锰泥粉末吸附剂（BSPA）	40.98	7	25		0.1~50	[98]
磁性氧化石墨烯（MGO）	5.857	3~6	25		100	[99]
磁性 Fe-Ti 复合氧化物	4.41	—	10		0.5	[100]
湖南桃江锰矿	0.12	7	30		0.5~50	[101]
HKUST-1	88.6	11	室温		1000	[102]
除铁除锰滤池反冲洗铁锰泥	40.98	5~8	25		0.1~40	[103]
羟基磷灰石/蔗渣炭 复合吸附剂（HBA）	6.76	5~9	25		1000	[104]
D401-Zr	11.3	3.16	40		0~10	本项目
D301-Fe	28.5	8	15		0~10	本项目

由表6.19可以看出，不同吸附材料吸附砷的最佳吸附 pH 值大多集中在6.0～8.0之间，最佳吸附温度在20～25℃之间。

参 考 文 献

[1] Sun G. Arsenic contamination and arsenicosis in China [J]. Toxicol Appl Pharmacol, 2004, 198: 268 – 271.

[2] Yuan C, Lu X, Oro N, et al. Arsenic speciation analysis in human saliva [J]. Clin Chem, 2008, 54: 163 – 171.

[3] Arehart G B, Chryssoulis S L, Kesler S E. Gold and arsenic in iron sulfides from sediment-hosted dis-seminated gold deposits-implications for depositional processes [J]. Econ Geol Bull Soc Econ Geol, 1993, 88: 171 – 185.

[4] Boyle R W, Jonasson I R. The geochemistry of As and its use as an indicator element in geochemical prospecting [J]. Geochem Explor, 1973, 2: 251 – 296.

[5] Fleet M E, Mumin A H. Gold-bearing arsenian pyrite and marcasite and arsenopyrite from Carlin Trend gold deposits and laboratory synthesis [J]. Am Mineral, 1997, 82: 182 – 193.

[6] Emett M T, Khoe G H. Photochemical oxidation of arsenic by oxygen and iron in acidic solutions [J]. Water Res, 2001, 35: 649 – 656.

[7] Nguyen V T, Vigneswaran S, Ngo H H, et al. Arsenic removal by a membrane hybrid filtration system [J]. Desalination 2009, 236: 363 – 369.

[8] Guan X H, Wang J M, Chusuei C C. Removal of arsenic from water using granular ferric hydroxide: Macroscopic and microscopic studies [J]. J Hazard Mater, 2008, 156: 178 – 185.

[9] Chutia P, Kato S, Kojima T. Arsenic adsorption from aqueous solution on synthetic zeolites [J]. J Hazard Mater, 2009, 162: 440 – 447.

[10] Chen W F, Parette R, Zou J Y. Arsenic removal by iron-modified activated carbon [J]. Water Res, 2007, 41: 1851 – 1858.

[11] Singh T S, Pant K K. Equilibrium kinetics and thermodynamic studies for adsorption of As(Ⅲ) on activated alumina [J]. Sep Purif Technol, 2004, 36: 139 – 147.

[12] Pokhrel D, Viraraghavan T. Arsenic removal from an aqueous solution by a modified fungal biomass [J]. Water Res, 2006, 40: 549 – 552.

[13] Shao W, Li X, Cao Q. Adsorption of arsenate and arsenite anions from aqueous medium by using metal (Ⅲ) -loaded amberlite resins [J]. Hydrometallurgy,

2008，91：138 - 143.

[14] 刘姣，孟庆强，易青. 水源水中三价砷的去除实验研究 [J]. 广东化工，2009，6.

[15] Choong T S Y, Chuah T G, Robiah Y, et al. Arsenic toxicity, health hazards and removal techniques from water: an overview [J]. Desalination, 2007, 217 (1 - 3): 139 - 166.

[16] 喻德忠，邹菁，艾军. 纳米二氧化锆对砷(Ⅲ)和砷(Ⅴ)的吸附性质研究 [J]. 武汉工程大学学报，2004，26 (3)：1 - 3.

[17] 梁慧锋，马子川，张杰，et al. 新生态二氧化锰对水中三价砷去除作用的研究 [J]. 环境污染与防治，2005，27 (3)：168 - 171.

[18] Shih Ming-Cheng. An overview of arsenic removal by pressure-driven membrane processes [J]. Desalination, 2005, 172 (1): 85 - 97.

[19] 白艳，王志，樊智锋，等. 壳聚糖絮凝-超滤法去除水中微量砷 [J]. 膜科学与技术，2008，28 (3)：87 - 94.

[20] Oqbal J, Kim H J, Yang J S, et al. Removal of arsenic from groundwater by micellar enhanced ultrafiltration (MEUF) [J]. Chemosphere, 2007, 66 (5): 970 - 976.

[21] Ghurey G, Clifford D, Tripp A. Iron coagulation and direct microfiltration to remove arsenic from groundwater [J]. Am Wat Works Association, 2004, 96 (4): 143 - 152.

[22] 吴水波，李晓波，顾平. 膜混凝反应器除砷 [J]. 膜科学与技术，2008，28 (5)：77 - 81.

[23] 夏圣骥，高乃云，张巧丽，等. 纳滤膜去除水中砷的研究 [J]. 中国矿业大学学报，2007，36 (4)：565 - 568.

[24] Vander Bruggen B, Manttari M, Nystrom M. Drawbacks of applying nanofiltration and how to avoid them: A review [J]. Sep Purif Technol, 2008, 63 (2): 251 - 263.

[25] Tahaikt M, Habbani R E. Fluoride removal from groundwater by nanofiltration [J]. Desalination, 2007, 212 (1 - 3): 46 - 53.

[26] Kang H, Dickson J M. Nanofiltration membrane performance on fluoride removal from water [J]. Journal of Membrane Science, 2006, 279 (1 - 2): 529 - 538.

[27] Kosutic K, Furac L, Sipos L, et al. Removal of arsenic and pesticides from drinking water by nanofiltration membranes [J]. Separation and Purification

Technology, 2005, 42 (2): 137 – 144.

［28］ 张显球, 张林生, 杜明霞. 纳滤去除水中的有害离子 ［J］. 水处理技术, 2006, 32 (1): 6 – 9.

［29］ Webb S M, Gallard J F, Ma L Q, et al. XAS speciation of arsenic in a hyper-accumulating fern ［J］. Environ Sci Technol, 2003, 37 (4): 754 – 760.

［30］ Tu S, Ma L Q. Interactive effects of pH, arsenic and phosphorus on uptake of As and P and growth of the arsenic hyperaccumulator Pteris vittata Lunder hydroponic conditions ［J］. Environ Exp Bot, 2003, 50 (3): 243 – 251.

［31］ Steed V S, Suidan M T, Gupta M. Development of a sulfate-reducing biological process to remove heavy metals from acid mine drainage ［J］. Water Environ Res, 2000, 72: 530 – 535.

［32］ Lie'Vremont D, N'Negue M A, Behra P, et al. Biological oxidation of arsenite: batch reactor experiments in presence of kutnahorite and chabazite ［J］. Chemosphere, 2003, 51: 419 – 428.

［33］ Drewniak L, Matlakowska R, Sklodowska A. Arsenite and arsenate metabolism of Sinorhizobium sp M14 living in the extreme environment of the Zloty Stok gold mine ［J］. Geomicrobiol, 2008, 25: 363 – 370.

［34］ Battaglia B F, Itard Y, Garrudo F. A simple biogeochemical process removing arsenic from a mine drainage water ［J］. Geomicrobiol, 2006, 23: 201 – 211.

［35］ Boddu V M, Abburi K, Talbott J L, et al. Removal of arsenic (Ⅲ) and arsenic (V) from aqueous medium using chitosan-coated biosorbent ［J］. Water research, 2008, 42 (3): 633 – 642.

［36］ Mcafee B J, Gould W D, Nedeau J C, et al. Biosorption of metal ions using chotosan, chitin, and biomass of Rhizopus oryzae ［J］. Sep Sci Technol, 2001, 36 (14): 3207 – 3222.

［37］ Suzuki T M, Bomani J O, Matsunaga H, et al. Preparation of porous resin loaded with crystalline hydrous zirconium oxide and its application to the removal of arsenic ［J］. Reactive and Functional Polymers, 2000, 43 (1 – 2): 165 – 172.

［38］ 王先良, 王小利, 徐顺清. 大孔螯合树脂可用于处理中药重金属污染 ［J］. 中成药, 2005, 27 (12): 1377.

［39］ 何海成, 王玉琴, 丁虎, 等. 氢化物发生原子荧光法测定沼液中砷的含量 ［J］. 可再生能源, 2011, 29 (3): 57 – 60.

［40］ Azouaou N, Sadaoui Z, Djaafri A, et al. Adsorption of cadmium from aqueous solution onto untreated coffee grounds: Equilibrium, kinetics and thermodynamics [J]. J Hazard Mater, 2010, 184: 126 – 134.

[41] Lenoble V, Chabroullet C, Shukry R, et al. Dynamic arsenic removal on a MnO_2-loaded resin [J]. Journal of Colloid and Interface Science, 2004, 280 (1): 62 – 67.

[42] 李凤刚, 鞠彩霞, 李长海, 等. 大孔弱碱性阴离子树脂对水合氧化铁的复合及表征 [J]. 应用化工, 2011, 40 (3): 423.

[43] Jia D M, Li Y J, Shang X L, et al. Iron-impregnated weakly basic resin for the removal of 2-naphthalenesulfonic acid from aqueous solution [J]. J Chem Eng Data, 2011, 56 (10): 3881 – 3882.

[44] Keiser J T, Brown C W, Heidersbach R H. The electrochemical reduction of rust films on weathering surface [J]. Journal of The Electrochemical Society, 1982, 129 (1): 2686 – 2689.

[45] Gong C, Chen D, Jiao X, et al. Continuous hollow α-Fe_2O_3 and α-Fe fibers prepared by the sol-gel method [J]. Journal Materials Chemistry, 2002, 12 (6): 1844 – 1847.

[46] Mishra A, Jha B. Isolation and characterization of extracellular polymeric substances from micro-algae Dunaliella salina under salt stress [J]. Bioresource Technology, 2009, 100 (13): 3382 – 3386.

[47] Crini G. Kinetic, equilibrium studies on the removal of cationic dyes from aqueous solution by adsorption onto a cyclodextrin polymer [J]. Dye Pigment, 2008, 77: 415 – 426.

[48] Cotton F A, Wilkinson G, Murillo C A, et al. Advanced Inorganic Chemistry [M]. sixthed. Singapore: John Wiley and Sons, Inc. , 1999.

[49] Leaser K H. In: Dorfner, K. (Ed.), Ion Exchangers. Walter de Gruyter. 1991, 519.

[50] Suzuki T M, Bomani J O, Matsunaga H, et al. Preparation of porous resin loaded with crystalline hydrous zirconium oxide and its application to the removal of arsenic [J]. React Funct Polym 2000, 43: 165 – 172.

[51] Wang S, Mulligan C N. Natural attenuation processes for remediation of arsenic contaminated soils and groundwater [J]. Journal of Hazardous Materials, 2006, 138 (3): 459 – 470.

[52] 王京平. PAN-S 浸渍树脂富集方波溶出法测定痕量的铅、镉、铜和锌 [J]. 离子交换吸附, 2006, 22 (4): 339 – 346.

[53] Ho Y S, Augustine E O. Biosorption thermodynamics of cadmium on coconut copra meal as biosorbent [J]. Biochemical Engineering Journal, 2006, 30 (2): 117 - 123.

[54] Feng Xuedong, Ma Yanfei. Study on adsorption characteristics of Cr(Ⅲ) on magnesium hydroxide [J]. China Mining Magazine, 2009, 18 (2): 101 - 104 (in Chinese).

[55] Gad H M H, El-Sayed A A. Activated carbon from agricultural by-products for the removal of Rhodamine-B from aqueous solution [J]. J Hazard Mater, 2009, 168: 1070 - 1081.

[56] Ghimire K N, Inoue K, Yamaguchi H. Adsorptive separation of arsenate and arsenite anions from aqueous medium by using orange waste [J]. Water Research, 2003, 37 (20): 0 - 4953.

[57] Haque M N, Morrison G M, Perrusqula G, et al. Characteristics of arsenic adsorption to sorghum biomass [J]. J Hazard Mater, 2007, 145: 30 - 35.

[58] Maity S, Chakravarty S, Bhattacharjee S, et al. A study on arsenic adsorption on polymetallic sea nodule in aqueous medium [J]. Water Res. 2005, 39: 2579 - 2590.

[59] Wasay S A, Tokunaga S, Park S W. Removal of hazards anions from aqueous solutions by La (Ⅲ) and Y (Ⅲ) -impregnated alumina [J]. Sep. Sci. Technol, 1996, 31: 1501 - 1514.

[60] Balaji T, Matsunaga H. Adsorption characteristics of As(Ⅲ) and As(V) with titanium dioxide loaded amberlite XAD-7 resin [J]. Anal Sci, 2002, 18: 1345 - 1349.

[61] Gupta S K, Chen K Y. Arsenic removal by adsorption [J]. J Water Pollut Control Fed, 1978, 50: 493 - 506.

[62] Zuhra M G, Bhanger M I, Mubeena A, et al. Adsorption of methyl parathion pesticide from water using watermelon peels as a low cost adsorbent [J]. Chem Eng J, 2008, 138: 616 - 621.

[63] Martell A E, Smith R M. Critical Stability Constants: Inorganic Chemistry IV [M]. New York: Plenum, 1977.

[64] Murray J M, Dillard J G. The oxidation of cobalt (Ⅱ) adsorbed on manganese dioxide [J]. Geochim Cosmochim Acta, 1979, 43: 781 - 787.

[65] Sha L, Yi G X, Chuan F N, et al. Effective removal of heavy metals from aqueous solutions by orange peel xanthate [J]. Trans Nonferrous Metals Soc China,

2010, 20: 187 - 191.

[66] Wang S, Zhu Z H. Effects of acidic treatment of activated carbons on dye adsorption [J]. Dyes Pigments. 2007, 75: 306 - 314.

[67] El-Latif M M A, Ibrahim A M, El-Kady M. FAdsorption Equilibrium, kinetics and thermodynamics of methylene blue from aqueous solutions using biopolymer oak sawdust composite [J]. Journal of American Science, 2010, 6 (6): 270.

[68] Sampranpiboon P, Charnkeitkong P. Equilibrium Isotherm, Thermodynamic and Kinetic Studies of Lead adsorption onto pineapple and paper waste sludges [J]. International Journal of Energy and Environment, 2010, 4 (3): 89 - 93.

[69] Kim J, Benjamin M M. Modeling a novel ion exchange process for arsenic and nitrate removal [J]. Water Res, 2004, 38 (8): 2053 - 2062.

[70] Alkan M, Demirbaş Ö, Doğan M. Adsorption kinetics and thermodynamics of an anionic dye onto sepiolite [J]. Microporous Mesoporous Mater, 2007, 101: 388 - 396.

[71] Yang X Y, Otto S R, Al-Duri B. Concentration-dependent surface diffusivity model (CDSDM): numerical development and application [J]. Chem Eng J, 2003, 94: 199 - 209.

[72] Biswas B K, Inoue J I, Inoue K, et al. Adsorptive removal of As(V) and As(Ⅲ)from water by a Zr (IV) -loaded orange waste gel [J]. Journal of Hazardous Materials, 2008, 154 (1 - 3): 1066 - 1074.

[73] Wang S, Mulligan C N. Natural attenuation processes for remediation of arsenic contaminated soils and groundwater [J]. Journal of Hazardous Materials, 2006, 138 (3): 459 - 470.

[74] Goldberg S, Johnston C T. Mechanisms of arsenic adsorption on amorphous oxides evaluated using macroscopic measurements, vibrational spectroscopy, and surface complexation modeling [J]. J Colloid Interf Sci, 2001.

[75] Katsoyiannis I A, Zouboulis A I. Removal of arsenic from contaminated water sources by sorption onto iron-oxide-coated polymeric materials [J]. Water Research, 2002, 36 (20): 5141 - 5155.

[76] Langmuir I. The constitution and fundamental properties of solids and liquids. Part I. Solids [J]. J. Am. Chem. Soc, 1916, 38: 2221 - 2295.

[77] Freundlich H M F. Uber die adsorption in losungen [J]. Phys Chem, 1906, 57 (A): 385 - 470.

[78] Kamsonlian S, Suresh S, Ramanaiah V, et al. Biosorptive behaviour of mango

leaf powder and rice husk for arsenic (Ⅲ) from aqueous solutions [J]. Int J Environ Sci Technol, 2012, 9: 565 – 578.

[79] Noggle J H. Physical Chemistry [M]. 3rd ed, vol. 11. New York: Harper Collins Publishers, 1996.

[80] Barsanescu A, Buhaceanu R, Dulman V. Removal of basic blue 3 by sorption onto a weak acid acrylic resin [J]. J Appl Polym Sci, 2009, 113: 607 – 614.

[81] Murray J M, Dillard J G. The oxidation of cobalt (Ⅱ) adsorbed on manganese dioxide [J]. Geochim Cosmochim Acta, 1979, 43: 781 – 787.

[82] Kavitha D, Namasivayam C. Experimental and kinetic studies on methylene blue adsorption by coir pith carbon [J]. Bioresour Technol, 2007, 98: 14 – 21.

[83] Lagergren S. About the theory of so-called adsorption of soluble substances [J]. Kungliga Svenska Vetenskapsakademiens Handlingar, 1898, 24: 1 – 39.

[84] Ho Y S, McKay G. Sorption of dye from aqueous solution by peat [J]. Chem Eng J, 1978, 70: 115 – 124.

[85] 付晶晶, 金杰, 吉华顺, 等. 磁性水热炭对水体中砷、氟的吸附特性 [J]. 江苏大学学报 (自然科学版), 2019, 40 (4): 423 – 430.

[86] 朱司航, 赵晶晶, 尹英杰, 等. 针铁矿改性生物炭对砷吸附性能 [J]. 环境科学, 2019, 40 (6): 2773 – 2782.

[87] 于志红, 黄一帆, 廉菲, 等. 生物炭-锰氧化物复合材料吸附砷 (Ⅲ) 的性能研究 [J]. 农业环境科学学报, 2015, 34 (1): 155 – 161.

[88] 王琼, 付宏渊, 何忠明, 等. FeCl$_3$改性柚子皮吸附去除水中的砷 [J]. 环境工程学报, 2017, 11 (4): 2137 – 2144.

[89] 邵金秋, 温其谦, 阎秀兰, 等. 天然含铁矿物对砷的吸附效果及机制 [J]. 环境科学, 2019, 40 (9): 4072 – 4080.

[90] 余阳, 陈团伟, 甄文博, 等. UiO-66 (Zr) 对 As (3 +) 的吸附性能及吸附动力学研究 [J]. 食品与机械, 2016, 32 (6): 61 – 67.

[91] 朱利军, 吕景才, 刘锐平, 等. 除氟活性铝氧化物 (AlO_xH_y-F_n) 的吸附除砷性能 [J]. 环境工程学报, 2014, 8 (4): 1385 – 1390.

[92] 刘佩佩, 罗汉金, 方伟. 石墨烯/二氧化硅负载纳米零价铁对 As(Ⅲ) 的去除 [J]. 环境工程学报, 2016, 10 (7): 3607 – 3615.

[93] 赖卫东, 王琳, 何勇, 等. 高温蒸发制备载铁活性炭吸附砷性能研究 [J]. 应用化工, 2016, 45 (9): 1650 – 1654.

[94] 孙颖, 刘希光, 纪春暖, 等. Cu(Ⅱ) 负载疏松多孔型羟胺改性聚丙烯腈-衣康酸对水中微量砷的吸附 [J]. 离子交换与吸附, 2018, 34 (3): 224 – 237.

[95] 邓琼鸽, 吴烈善, 欧梦茵, 等. 稀土掺杂铁炭复合材料处理含砷废水 [J]. 广西大学学报（自然科学版）, 2017, 42 (5): 1937 – 1942.

[96] 董一慧, 马腾, 周舒晗, 等. 涂铁石英砂去除水中 As(V) 的实验研究 [J]. 水文地质工程地质, 2015, 42 (2): 126 – 131.

[97] 孙佳文, 席北斗, 康得军, 等. 铁改性活性氧化铝的制备及其除 As (V) 性能 [J]. 中国给水排水, 2019, 35 (7): 15 – 20.

[98] 曾辉平, 尹灿, 李冬, 等. 基于铁锰泥的除砷吸附剂性能比较及吸附机理 [J]. 中国环境科学, 2018, 38 (9): 3373 – 3379.

[99] 刘闯, 黄力群, 谢毅, 等. 磁性氧化石墨烯同时吸附砷（V）和镉的性能研究 [J]. 环境工程, 2015, 33 (S1): 165 – 169.

[100] 汪赛奇, 唐玉朝, 黄显怀, 等. 磁性 Fe-Ti 复合氧化物的制备及其对水中 As (V) 的吸附研究 [J]. 安全与环境学报, 2014, 14 (5): 160 – 165.

[101] 何剑汶, 李文旭, 谌书, 等. 湖南桃江锰矿对溶液中 As(V) 和 As(III) 的去除及迁移行为对比 [J]. 环境化学, 2019, 38 (8): 1801 – 1810.

[102] 余文婷, 罗明标, 杨亚宣, 等. 金属有机框架材料 HKUST-1 吸附水中砷 (V) 的研究 [J]. 现代化工, 2019, 39 (6): 107 – 110.

[103] 赵运新, 曾辉平, 吕育锋, 等. 生物除铁除锰滤池反冲洗铁锰泥除 As(V) 研究 [J]. 中国给水排水, 2017, 33 (11): 1 – 6.

[104] 梁美娜, 王敦球, 朱义年, 等. 羟基磷灰石/蔗渣炭复合吸附剂的制备及其对 As(V) 的吸附机理 [J]. 环境科学研究, 2017, 30 (4): 607 – 614.